职业教育课程创新精品系列教材

电子CAD——Altium Designer 操作与应用

主　编　徐自远　蔡妍娜
副主编　高田海　吴　玢　潘　和
参　编　庄超超　盛　华　马熙飞

北京理工大学出版社
BEIJING INSTITUTE OF TECHNOLOGY PRESS

内 容 简 介

本书从实用角度出发，以 Altium Designer 为平台详细介绍了其各项实用功能与新特性，可以引导读者轻松入门，快速提高。全书共分为 5 个项目，以 5 个不同的工程实践项目为载体全面介绍了 Altium Designer 的界面、基本组成及使用环境等，并详细讲解了电路原理图的绘制、元件设计、印制电路板图的基本知识、印制电路板图的设计方法及操作步骤、三维模型与装配文件导出、三维模型设计工程师与电路设计工程师协同工作方案等，书中详细讲解了电路从电路原理图设计，到印制电路板图输出，再到三维工程模型文件输出的整个过程。

本书内容充实、实例丰富、阐述简洁透彻、实用性强，便于读者阅读和理解；知识系统全面、注重应用操作与实践能力的培养。本书既可作为职业院校电子信息工程技术、物联网应用技术、应用电子技术、电子产品制造技术、电子产品检测技术、智能产品开发与应用等专业和相关培训班的电子 CAD 课程教材，同时也可作为电子设计爱好者、电子电气相关专业人员的自学辅导用书。

版权专有　侵权必究

图书在版编目（CIP）数据

电子CAD：Altium Designer操作与应用 / 徐自远，蔡妍娜主编. -- 北京：北京理工大学出版社，2021.11（2025.1重印）
ISBN 978 - 7 - 5763 - 0625 - 5

Ⅰ.①电… Ⅱ.①徐…②蔡… Ⅲ.①印刷电路-计算机辅助设计-职业教育-教材 Ⅳ.①TN410.2

中国版本图书馆CIP数据核字（2021）第222375号

责任编辑：陆世立　　**文案编辑**：陆世立
责任校对：周瑞红　　**责任印制**：边心超

出版发行 /	北京理工大学出版社有限责任公司
社　　址 /	北京市丰台区四合庄路6号
邮　　编 /	100070
电　　话 /	（010）68914026（教材售后服务热线）
	（010）63726648（课件资源服务热线）
网　　址 /	http://www.bitpress.com.cn
版 印 次 /	2025年1月第1版第2次印刷
印　　刷 /	定州市新华印刷有限公司
开　　本 /	889 mm×1194 mm　1/16
印　　张 /	10.5
字　　数 /	210千字
定　　价 /	45.00元

图书出现印装质量问题，请拨打售后服务热线，负责调换

前言

随着社会的发展与科技的进步，以智能终端、通信产业为主体的电子信息产业飞速增长，在研制和生产电子设备及各种仪器仪表过程中，产业界限日趋模糊，对产品的功能集成和技术创新要求更高，对产品开发周期的时限要求更短。因此，选用可靠的电路开发工具寻求解决方案，简化设计流程，提高设计成效，显得尤为重要。

Altium Designer 是 Altium 公司专门推出的一体化电子产品开发系统，包含用户需要的大部分工具，将元件管理、原理图输入、电气设计规则、设计文档等统一起来，在功耗和易用性之间实现了完美的平衡，是目前操作最快捷、应用最广泛的 PCB 设计辅助工具。为了帮助相关专业的学生及专业从业人员快速、熟练地掌握软件应用技巧，故编写了本书。

本书参照《电气简图用图形符号》和职业/工种资格《电子产品制版工》以及全国职业院校技能大赛中职组"电子电路装调与应用"赛项相关项目要求，结合近几年相关专业的实际教学情况编写而成。

全书以 Altium Designer 软件为操作平台，紧密联系生产实践，以项目化教学理念为指导，融入新技术、新工艺、新流程、新规范，以典型的电子产品电路为应用实例，按照"任务内容""任务完成""知识回顾"等单元来组织教学。书中以丰富的图文形式，通过项目实例，结合 Altium Designer 的详细使用步骤，系统介绍了电路设计的基础知识、操作方法与技巧。内容包括 Altium Designer 使用入门、元件库的创建和管理、电路原理图的绘制及电路仿真、印制电路板的设计及编辑、设计文件的输出和打印、多板系统设计等。丰富的制作实例及工作手册式的教材有助于培养学生的相关职业能力。

本书适用于职业院校电子信息工程技术、物联网应用技术、应用电子技术、电子产品制造技术、电子产品检测技术、智能产品开发与应用等多个专业的核心课程教学，希望能够帮助读者快速地掌握电路设计的有关知识和方法技巧。

本书由无锡机电高等职业技术学校徐自远、蔡妍娜担任主编,无锡机电高等职业技术学校高田海、江苏联合职业技术学院苏州工业园区分院吴玢与亚龙智能装备集团股份有限公司潘和担任副主编,无锡机电高等职业技术学校庄超超、盛华与苏州硬禾信息科技有限公司马熙飞参与编写。其中,徐自远负责编写项目4并统稿全书,蔡妍娜负责编写项目3,高田海负责编写项目1,庄超超负责编写项目2、项目5,盛华、吴玢协助编写项目2、项目4、项目5。马熙飞与潘和担任本书的技术支持。编者根据多年的教学经验以及实践积累对书中的教学内容进行了规划、编写。

由于编者水平有限,书中难免存在不足之处,恳请读者批评指正。

编 者

目录

项目 1　元件库的统一管理 ……………………………………………………………… 1

　　任务 1　原理图库的建立 …………………………………………………………… 2
　　任务 2　PCB 封装库的建立 ………………………………………………………… 11
　　任务 3　集成库的建立 ……………………………………………………………… 20
　　任务 4　555 定时器简单工程应用 ………………………………………………… 26

项目 2　直流电动机控制器原理图的绘制 …………………………………………… 31

　　任务 1　创建直流电动机控制器 PCB 工程 ……………………………………… 32
　　任务 2　认识原理图编辑器界面 …………………………………………………… 35
　　任务 3　绘制直流电动机控制器原理图 …………………………………………… 39

项目 3　室内家居环境 PCB 的设计与制作 ………………………………………… 61

　　任务 1　新建 PCB 文件并熟悉 PCB 设计环境 …………………………………… 62
　　任务 2　PCB 工程设计标准配置 …………………………………………………… 67
　　任务 3　同步原理图并设置 PCB 规则 …………………………………………… 72
　　任务 4　PCB 的布局设计 …………………………………………………………… 83
　　任务 5　PCB 布线 …………………………………………………………………… 86
　　任务 6　PCB 后续处理 ……………………………………………………………… 92

项目 4　遮光计数器单面 PCB 设计与制作 ………………………………………… 99

　　任务 1　配置遮光计数器电路工程环境并绘制原理图 ………………………… 101

任务 2　遮光计数器 PCB 规划及元件布局 …………………………………… 109
　　任务 3　遮光计数器 PCB 布线 …………………………………………………… 117
　　任务 4　遮光计数器 PCB 后续处理 …………………………………………… 125
　　任务 5　遮光计数器工程文件输出 …………………………………………… 130

项目 5　直流电动机控制器多板系统设计 …………………………………………… 137

　　任务 1　创建 Multi-board 项目工程 …………………………………………… 138
　　任务 2　多板原理图设计 ………………………………………………………… 140
　　任务 3　创建物理板级装配 ……………………………………………………… 150

参考文献 ……………………………………………………………………………………… 162

项目 1

元件库的统一管理

项目布置

1. 会操作原理图库编辑器界面。
2. 会创建原理图库。
3. 会绘制原理图元件符号。
4. 会操作 PCB 封装库编辑器界面。
5. 会启动和保存 PCB 封装库编辑器。
6. 会创建 PCB 封装库。
7. 会绘制 PCB 元件封装。
8. 懂得创建集成库工程、添加原理图库、添加 PCB 封装库、关联模型、编译集成库工程。
9. 懂得源模型库的提取、集成库的管理与维护。
10. 会加载元件库和调用元件。

项目分析

一般来说,电子工程师都有自己的元件库,他们都是在日积月累的工作实践中积累起来的。软件所提供的封装库和原理图库(又称原理图符号库)在实际应用当中,除了规范要求的库以外,很多特定的封装库没有或不容易找到。所以要建一个属于自己的元件库,通过不断的加入和完善,使其越来越全面,这样在新的项目当中,只需要把没有用过的、新的元件添加到库中就可以了。我们要建立起工匠精神,从小的方面做起,从点点滴滴做起,培养热爱学习、团结友爱、团队合作的习惯。

设计者在创建元件之前,一种方法是创建一个新的原理图库来保存设计内容,这个新创建的原理图库可以是分立的库,而与之关联的模型文件也是分立的;另一种方法是创建一个可被用来结合相关的库文件编译生成集成库的原理图库,使用该方法需要先建立一个库文件包(LibPkg 文件),其是集成库文件的基础,将生成集成库所需的那些分立的原理图库、封装库和模型文件有机地结合在一起。

　　Altium Designer 的集成库将原理图元件和与其关联的印制电路板（PCB）封装方式、SPICE 仿真模型以及信号完整性模型有机结合起来，并以一个不可编辑的形式存在。所有的模型信息被复制到集成库内，并存储在一起，而模型的源文件的存放可以任意。如果要修改集成库，则需要先修改相应的源文件库，然后重新编译集成库以及更新集成库内相关的内容。Altium Designer 集成库文件的扩展名为 .INTLIB，按照生产厂家的名字分类，存放于软件安装目录 Library 文件夹中。原理图库文件的扩展名为 .SchLib，PCB 封装库文件的扩展名为 .PcbLib，这两个文件可以在打开集成库文件时被提取出来以供编辑。

项目流程

项目流程如图 1-0-1 所示。

图 1-0-1　项目流程

任务 1　原理图库的建立

　　元件的原理图符号制作、修订和原理图库的建立是使用 Altium Designer 的原理图库编辑器的原理图库面板来进行的，所以在进行操作之前，应熟悉原理图库编辑器；在熟悉了原理图库编辑器界面后，我们要掌握各种元件符号的绘制。

任务内容

1. 认识原理图库编辑器界面
2. 绘制原理图元件符号

任务完成

一、原理图库编辑器

1. 原理图库编辑器启动

　　启动 Altium Designer 软件后，单击【文件】→【新的】→【库】→【原理图库】，如图 1-1-1 所示。

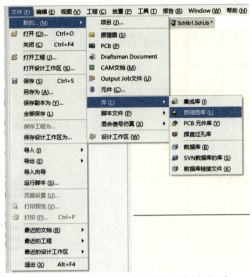

图 1-1-1 原理图库编辑器的启动

2. 原理图库编辑器界面

（1）编辑环境界面

按图 1-1-1 启动原理图库编辑器后，会出现图 1-1-2 所示的原理图库编辑环境界面。

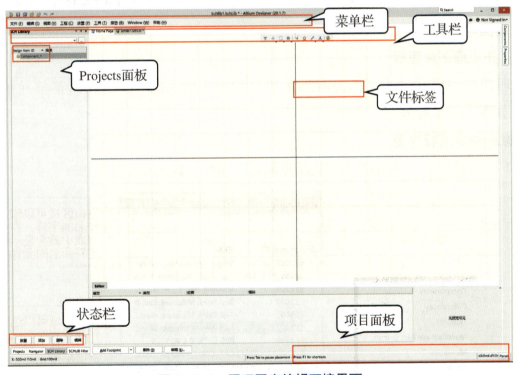

图 1-1-2 原理图库编辑环境界面

原理图库编辑器的界面由工具栏、菜单栏、状态栏、项目面板、文件标签等组成。在编辑区里面有一个"十"字坐标轴，将原理图库编辑区划分为 4 个象限。4 个象限与数学坐标轴定义相似，右上角为第 1 象限，左上角为第 2 象限，左下角为第 3 象限，右下角为第 4 象限。一般在第 4 象限进行编辑。

（2）【工具】菜单

原理图库编辑环境界面中的【工具】菜单如图 1-1-3 所示。

（3）【IEEE 符号】菜单

在制作原理图元件符号时，如果能够正确使用 IEEE 符号（标准符号），能够使别人非常清晰、准确地理解所制作的元件符号，从而更加容易地理解电路原理图。【IEEE 符号】菜单如图 1-1-4 所示。

图 1-1-3　【工具】菜单

图 1-1-4　【IEEE 符号】菜单

3. 原理图库面板

（1）打开原理图库面板

在原理图库编辑环境中，单击右下角项目面板中的【Panels】，弹出菜单并单击【SCH Library】，如图 1-1-5 所示。

（2）原理图库面板界面

按图 1-1-6 操作后，弹出原理图库面板界面，如图 1-1-6 所示。

图 1-1-5　打开原理图库面板

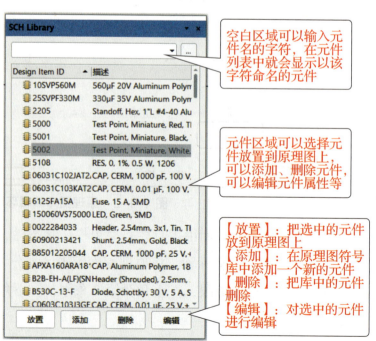

图 1-1-6　原理图库面板界面

二、原理图元件符号绘制

编辑原理图库，核心是引脚编辑。因为其具有电气特性，至于形状、大小只是给工程师看电路图用的，真正用于电气连接和导入PCB的主要就是元件引脚的编辑。当然，为了能够简单、清晰、明了地看懂元件符号和电路原理图，应该尽量把原理图元件符号绘制得清晰、规范、标准，这样便能很快看出元件的功能作用，以便快速理解整个电路原理图。

以运放LM324为例，绘制该运放的原理图元件符号。通过查询LM324芯片资料可知其芯片内部如图1-1-7所示。LM324芯片内部有4个独立的运放，封装在一个芯片内。绘制时，我们把这个运放分成5部分：运放1、运放2、运放3、运放4、电源。这5部分在一个封装内，共用一个封装，但在画电路原理图时，5个部分可以分开调用。

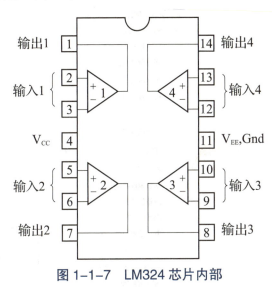

图1-1-7　LM324芯片内部

整个绘制过程从创建原理图库开始，再设置原理图库的编辑环境，绘制矩形，然后放置编辑引脚，最后添加封装。

1. 创建原理图库

（1）新建

单击【文件】→【新的】→【库】→【原理图库】，按图1-1-1新建原理图库以后，出现原理图库编辑环境界面（见图1-1-2）。

（2）保存

在原理图库编辑环境界面中单击【文件】→【保存】，弹出【Save [Schlib1.SchLib]As】对话框。选择保存路径，如图1-1-8所示。

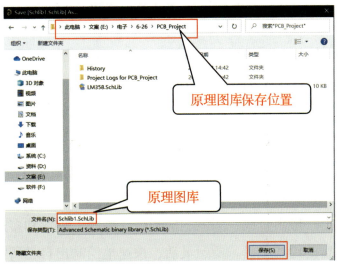

图1-1-8　保存路径

2. 原理图库的编辑环境设置

（1）执行命令

在原理图库编辑环境界面中单击【工具】→【文档选项】。

（2）设置图纸参数

执行以上命令后，弹出【Properties】对话框，整个过程如图1-1-9所示。

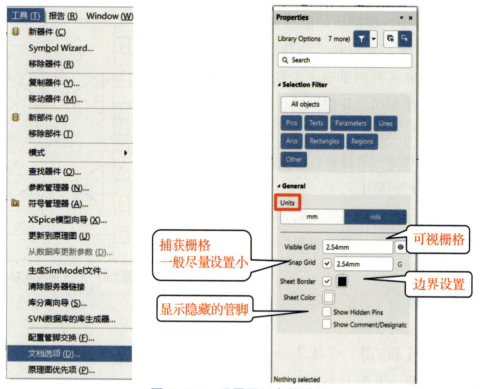

图1-1-9　设置图纸参数过程

在图1-1-9中，捕获栅格的参数越小，鼠标定位越精细，一般两者都设置为10 mil（1 mil=0.025 4 mm）。

3. 元件命名注释

（1）执行命令

在新建的原理图库文件中，选择【SCH Library】标签（如果没有【SCH Library】标签，则在右下角的项目面板中单击【Panels】→【SCH Library】），双击【SCH Library】列表中的【Component_1】。

（2）设置对话框

执行上述命令后，弹出【Properties】对话框。整个过程如图1-1-10所示。

4. 绘制元件外形

原理图库元件的外形一般由直线、圆弧、椭圆弧、椭圆、矩形和多边形等组成，系统也在其设计环境下提供了丰富的绘图工具。要想灵活、快速地绘制出自己所需要的元件外形，就必须熟练掌握各种绘图工具的用法。单击【放置】，可以绘制各种图形。

项目1 元件库的统一管理

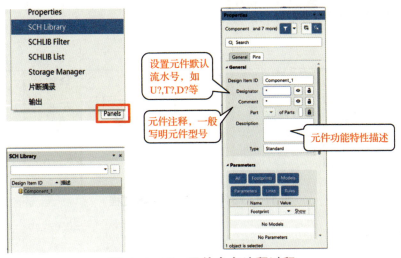

图 1-1-10 元件命名注释过程

（1）绘制矩形

单击【放置】→【矩形】选项，原理图库编辑环境界面中出现十字光标，并带有一个有色矩形框。将矩形框放到编辑区的第4象限中，单击确认矩形框位置。

（2）绘制框内运放符号

框内的上边有三角形向右的符号"▷"和放大倍数符号"∞"。三角形向右的符号可以用直线画：单击【放置】→【线】，或者用多边形画：单击【放置】→【多边形】，注意线的粗细设置，双击线本身或者双击多边形本身，会弹出设置对话框，有线体颜色设置和粗细设置等。图 1-1-11 所示为多边形设置对话框。

放大倍数符号通过文字符号输入，单击【放置】→【文本字符串】，鼠标箭头上会出现一个 Text，把这个 Text 放到框内上方，双击【Text】，就可以输入我们想要的文字，文字的大小、字体、颜色都可以设置。这里我们打开 Word，在 Word 上插入特殊符号"∞"，然后复制符号"∞"，最后在 Altium Designer 软件中双击 Text 的设置框并粘贴"∞"。双击【Text】后的文字符号设置如图 1-1-12 所示。

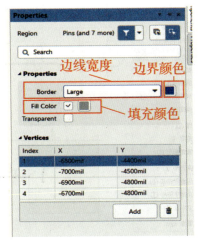

图 1-1-11 多边形设置对话框

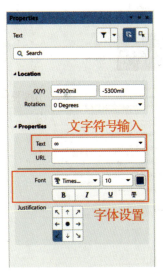

图 1-1-12 文字符号设置

最后元件外形绘制过程如图 1-1-13 所示。

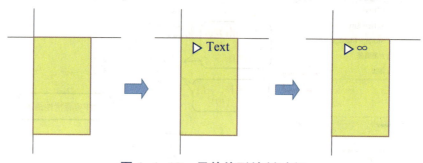

图 1-1-13 元件外形绘制过程

5. 放置、编辑引脚

（1）放置引脚

在原理图库编辑环境界面中单击【放置】→【管脚】，光标变为十字形状，并带有一个引脚符号，此时键盘上按〈Tab〉键，弹出图 1-1-14 所示的元件引脚属性对话框，从而可以修改引脚参数。移动光标，使引脚符号上远离光标的一端（即非电气热点端）与元件外形的边线对齐，然后单击，即可放置一个引脚。在放置引脚时，按一次空格键，可将引脚旋转 90°。放置引脚后元件外形如图 1-1-15 所示。

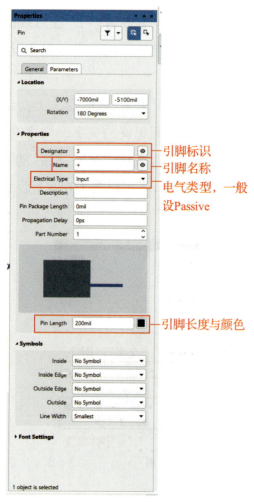

图 1-1-14 元件引脚属性对话框

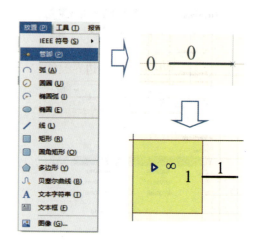

图 1-1-15 放置引脚后元件外形

（2）编辑引脚

注意"电气类型"必须根据数据手册中的定义选择，因为有了正确的引脚类型定义后，才能在原理图编译过程中有效地帮助我们检查引脚之间连接是否正确。常用引脚类型的定义有如下 7 种：

① Input——信号输入；

② I/O——信号输入/输出；

③ Output——信号输出；

④ Open Collection——集电极开路，多是电流灌入引脚；

⑤ Passive——用于连接电容、电阻等被动器件的引脚；

⑥ Open Emitter——射极开路；

⑦ Power——电源供电电路，用于供电引脚和接地引脚。

通过 LM324 芯片内部（见图 1-1-7）可知，运放 1 由反相输入引脚 2、同相输入引脚 3、输出引脚 1 组成。所以，要对原先添加的图 1-1-16 中的引脚进行编辑。编辑时双击想要编辑的引脚，或者在放置的过程中按〈TAB〉键，会弹出元件引脚属性设置框（见图 1-1-14）。

所有引脚都设置好了以后，会得到图 1-1-16 所示的 LM324 芯片内部运放 1 元件符号。

6. 内部其他部分绘制

（1）创建子元件

LM324 芯片内部还有运放 2、运放 3、运放 4、电源模块需要绘制。在当前状态下，单击【工具】→【新部件】，执行 4 次，在原理图符号库编辑器中就会出现图 1-1-17 所示的 5 个 LM324 芯片子元件。其中 Part A 就是刚绘制好的 LM324 芯片内部运放 1 元件符号。我们还要绘制 LM324 芯片内部其他子元件。

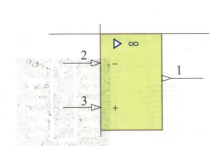

图 1-1-16　LM324 芯片内部运放 1 元件符号

图 1-1-17　5 个 LM324 芯片子元件

（2）绘制子元件

在图 1-1-17 中单击 Part B、Part C、Part D、Part E 各部分，发现都是空的，这些子元件都需要重新绘制。因为 Part B、Part C、Part D 与 Part A 一样都是运放，它们分别是运放 2、运放 3、运放 4，所以其元件形状与运放 1 类似，只是引脚不一样。所以在绘制这些元件时先复制 Part A，然后分别在 Part B、Part C、Part D 中粘贴，并重新编辑引脚。电源引脚部分在 Part E 中绘制，因为比较简单，故绘制过程不在此赘述。最后 Part B、Part C、Part D、Part E 元件符号如图 1-1-18 所示。

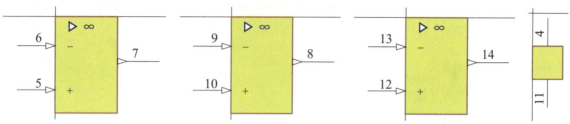

图 1-1-18　Part B、Part C、Part D、Part E 元件符号

7. 定义元件属性并添加封装

绘制好元件符号后，还需要描述元件的整体特性，如默认标识、功能描述、添加模型、封装、仿真模型、3D 模型、型号完整性等，这里我们只讲添加封装 SO-14。

（1）属性设置

打开原理图库文件面板，在【SCH Library】元件栏选中某个元件，然后单击【编辑】按钮；或者在原理图库编辑环境界面的右下角的项目面板中单击【Panels】→【SCH Library】，双击【SCH Library】列表中需要设置的元件。

有关元件的参数信息可以在图 1-1-10 的【Properties】对话框的有关栏目中设置。单击表格栏中的相关项，就可以添加需要用到的参数信息。这里的参数信息都可以在设计项目的 BOM（Bill Of Materials）里面出现，所以详细的参数信息对于后期制作 BOM 表是非常有帮助的。

（2）添加封装

添加封装是从已做好的封装库中添加。其过程是，单击【Properties】对话框中的【Add】，弹出添加新模型对话框，选择【Foot print】，然后在弹出的封装模型中单击【Browse】，弹出浏览库对话框，选择【SO-14】。元件属性设置中添加封装过程如图 1-1-19 所示。如果这个库里面没有 SO-14 封装，则可以添加其他含有此封装的库或者自制 SO-14 封装库。关于如何添加封装库和自制封装库，后面内容会讲到。

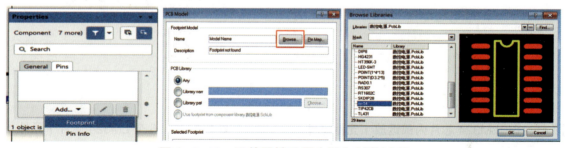

图 1-1-19　元件属性设置中添加封装过程

8. 添加新元件

如果要继续绘制新的原理图元件符号，则单击【添加新元件】即可。

（1）执行命令

在原理图库编辑环境界面中，单击【工具】→【新器件】。

(2)命名保存

执行上述命令后,会弹出对话框,添加新元件并命名,如图 1-1-20 所示,确定后即可在右边的工作区内绘制原理图元件符号。添加好以后,就按照之前讲过的方法进行其他元件的绘制。

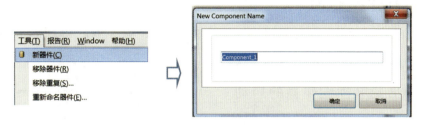

图 1-1-20 添加新元件并命名

如果其他原理图库中有想要的元件,则可以打开其他的原理图库,直接复制并粘贴到自己的库中,或者在它的基础上进行修改,这样建库的效率会高很多。

知识回顾

通过本任务的学习,对原理图库的创建、元件符号制作过程有了认识,同时懂得了以下 6 点:

①创建原理图库;
②设置原理图库的编辑环境;
③元件命名注释;
④绘制元件外形;
⑤绘制编辑引脚;
⑥属性设置。

任务 2　PCB 封装库的建立

在制作 PCB 封装库之前,我们需要对 PCB 封装库文件的编辑和使用环境作一定的了解,在熟悉了 PCB 封装库编辑环境之后,我们要掌握 PCB 元件封装的绘制。

任务内容

1. 认识 PCB 封装库编辑器界面。
2. 绘制 PCB 元件封装。
3. 利用向导制作元件封装。

任务完成

一、PCB 封装库编辑器

元件封装库的制作一般在 PCB 封装库编辑器中进行。因此需要了解 PCB 封装库编辑器的界面,熟悉 PCB 封装库编辑器的启动、保存,掌握 PCB 封装库编辑器中常用工具的使用。

1. PCB 封装库编辑器的启动

启动 Altium Designer 软件后,单击【文件】→【新的】→【库】→【PCB 元件库】,如图 1-2-1 所示。

2. PCB 封装库编辑器界面

(1) 编辑环境界面

按图 1-2-1 启动 PCB 封装库编辑器后,会出现图 1-2-2 所示的 PCB 封装库编辑界面。

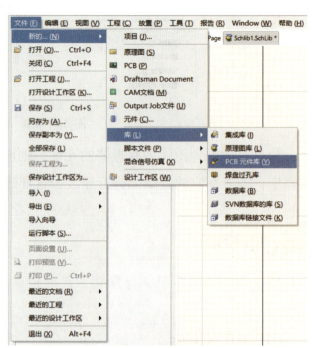

图 1-2-1 PCB 封装库编辑器的启动

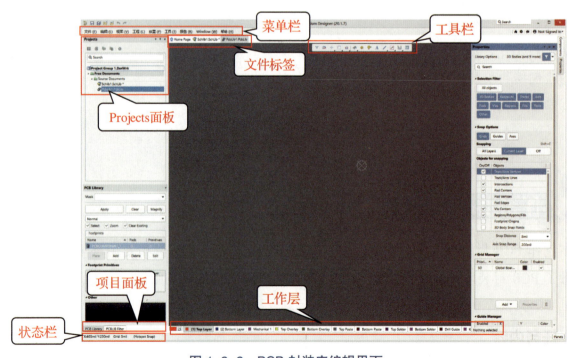

图 1-2-2 PCB 封装库编辑界面

(2)【工具】菜单

PCB 封装库编辑界面中的【工具】菜单如图 1-2-3 所示。菜单中一些常见功能在后面应用中会讲到。

(3)【放置】菜单

PCB封装库编辑界面中的【放置】菜单如图1-2-4所示。

图1-2-3 【工具】菜单

图1-2-4 【放置】菜单

3. PCB封装库编辑器

(1) 打开PCB封装库面板

在PCB封装库编辑界面中，单击面板中右下角的【Panels】，弹出菜单并单击【PCB Library】，如图1-2-5所示。

(2) PCB封装库面板

按图1-2-5操作后，弹出PCB封装库面板界面，如图1-2-6所示。

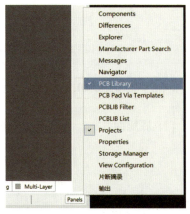

图1-2-5 打开PCB封装库面板

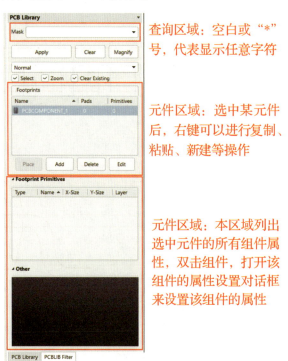

图1-2-6 PCB封装库面板界面

查询区域：空白或"*"号，代表显示任意字符

元件区域：选中某元件后，右键可以进行复制、粘贴、新建等操作

元件区域：本区域列出选中元件的所有组件属性，双击组件，打开该组件的属性设置对话框来设置该组件的属性

二、PCB元件封装绘制

元件封装，其核心是元件的焊盘间距和焊盘孔径的大小，这个必须与实际所选用元件封装

的大小相符。焊盘的间距、宽度、尺寸是最重要的,要保证实际的元件能合适地放置在焊盘上,并且要方便焊接。

先通过查找 LM324 芯片资料,找出贴片封装 SOP14 尺寸(因为 SOP14 是常规尺寸,也可以查找 SOP14 尺寸图,但必须要确认 LM324 芯片的封装与 SOP14 是一致的),其封装资料如图 1-2-7 所示。

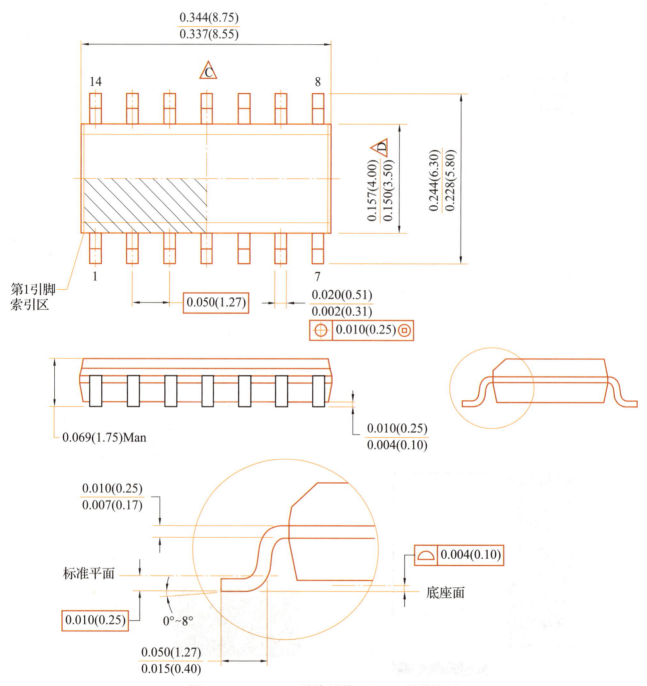

图 1-2-7　LM324 贴片封装 SOP14 封装资料

从图 1-2-7 中可以看出,引脚元件相邻引脚间距为 1.27 mm,所以,焊盘相邻间距必须设置为 1.27 mm;引脚宽度为 0.35~0.51 mm,焊盘宽度设置为 0.55 mm,焊盘长度设置为 2.00 mm;相对焊盘边缘宽度为 5.80~6.30 mm,为了方便手工焊接,设置相对焊盘边缘间距为

8.00 mm；元件体宽度为 3.50~4.00 mm，长为 8.55~8.75 mm，丝印设置在范围内即可。

整个绘制过程从按要求放好焊盘间距开始，再设置好焊盘属性，然后绘制封装外形，最后定义引脚参考原点。

1. 创建 PCB 封装库

（1）新建

单击【文件】→【新的】→【库】→【PCB 元件库】，打开 PCB 封装库编辑器，如图 1-2-8 所示。

（2）保存

在 PCB 封装库编辑器打开以后，在 PCB 封装库编辑界面中单击【文件】→【另存为】，弹出【Save [PcbLib1.PcbLib]As】对话框，按有关要求命名并保存到指定位置，如图 1-2-9 所示。

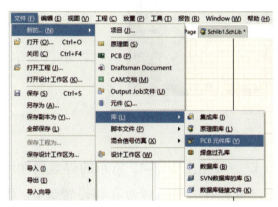

图 1-2-8　打开 PCB 封装库编辑器

图 1-2-9　库文件保存和命名

2. 元件命名

（1）执行命令

在新建的库文件中，单击【PCB Library】标签（如果没有【PCB Library】标签，则在右下角的项目面板中单击【Panels】→【PCB Library】），再双击【元件】列表中的【PCBComponent_1】。

（2）命名设置

执行上述命令后，弹出【PCB 库封装】对话框，在【名称】处输入要建立元件封装的名称，在【描述】处输入功能特征，在【高度】处输入元件的实际高度，然后单击【确定】按钮。其过程如图 1-2-10 所示。

3. 放置焊盘

（1）放置第 1 个焊盘

单击【放置】→【焊盘】（或者单击绘图工具栏的 ⬤ 按钮），此时光标会变成十字形状，且光标的中间会粘浮着

图 1-2-10　元件命名过程

一个焊盘，将其移动到合适的位置（一般将 1 号焊盘放置在原点（0，0）上），单击将其定位，过程如图 1-2-11 所示。

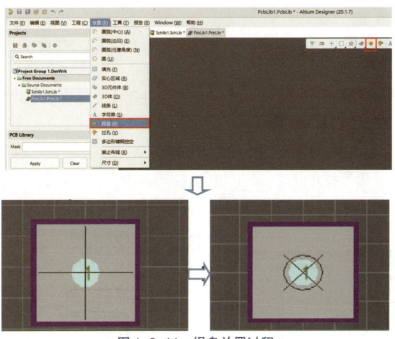

图 1-2-11　焊盘放置过程

（2）焊盘属性设置

双击刚放置的焊盘，或者在放置状态下按下〈Tab〉键，弹出图 1-2-12 所示的焊盘属性设置框。因为这个是贴片元件，所以焊盘设置为顶层；焊盘没有孔，所以焊盘孔径设置为 0；焊盘设置为长方形，宽设置为 0.55 mm，长设置为 2.00 mm。

（3）放置其他焊盘

复制刚才设置好的焊盘，粘贴其他 13 个焊盘；或者通过单击【编辑】→【特殊粘贴】等方法，制作其余焊盘，设置每个焊盘间距。最后效果如图 1-2-13 所示。其两边焊盘最边沿间距为 8 mm，相邻焊盘间距为 1.27 mm。

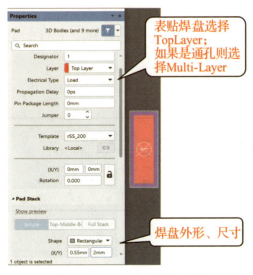

图 1-2-12　焊盘属性设置

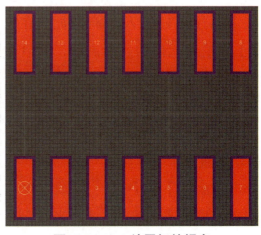

图 1-2-13　放置好的焊盘

4. 绘制元件封装外形

（1）切换到丝印层

因为放置的焊盘是在顶层，与之对应的丝印层在顶层丝印层，即 Top Overlay 层。通过工作层面切换到顶层丝印层。

（2）绘制元件封装外形

单击【放置】→【线】，此时光标会变为十字形状，移动光标到合适的位置，单击确定元件封装外形轮廓的起点，到一定的位置再单击即可放置一条轮廓，以同样的方法直到画完为止。绘制完成后的完整封装如图 1-2-14 所示。

5. 设定元件的参考原点

单击【编辑】→【设置参考】→【1 引脚】，元件的参考原点一般选择 1 引脚。

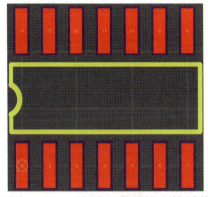

图 1-2-14　绘制完成后的完整封装

6. 添加新元件

绘制好一个元件封装以后，如果还要绘制新的元件封装，则可以按如下步骤操作。

（1）新建元件封装

在 PCB 封装库编辑界面中，单击【工具】→【新的空元件】，【PCB Library】面板列表中就多了一个元件封装，如图 1-2-15 所示。

（2）第 2 个元件命名

双击列表中的【PCBComponent_1】，弹出【PCB 库封装】对话框，在【名称】处输入要建立元件封装的名称；在【高度】处输入元件的实际高度，如图 1-2-16 所示。这样根据所查询的元件封装尺寸，重复以上的工作就可以做第 2 个元件的封装了。

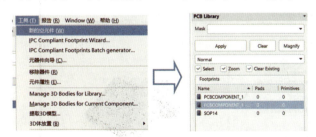

图 1-2-15　添加新元件后的 PCB 封装库面板显示

图 1-2-16　元件封装命名

小提示：如果其他元件封装库中有相同的元件封装，就可以打开其他的元件封装库，直接复制并粘贴到自己的库中，或者在它的基础上进行修改，这样建库的效率会高很多。

三、利用向导制作元件封装

对于一些有规则且管脚比较多的元件，利用 Altium Designer 提供的 PCB 封装向导工具，可以方便、快速地绘制电阻、电容、双列直插式等规则元件封装，这里以 SOP14 封装为例介绍如何利用向导创建新的元件封装。元件尺寸封装大小与手工绘制一样。具体操作步骤有以下7步。

①启动PCB封装库封装编辑器。

②启动PCB封装向导。单击【工具】→【IPC Compliant Footprint Wizard】，出现【封装方式向导】对话框，如图1-2-17所示。

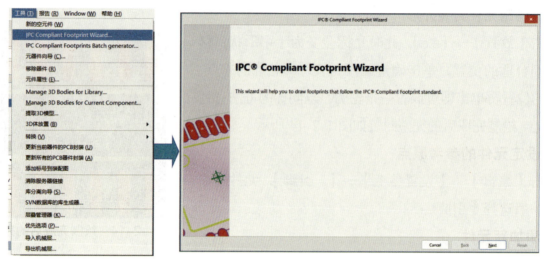

图1-2-17　启动PCB封装向导

③单击【Next】按钮进入下一步，出现图1-2-18所示的【元件封装种类选择】对话框。在对话框中列出了30余种类型的元件封装。本例中制作元件引脚的间距为1.27 mm，故选择SOIC类型封装。

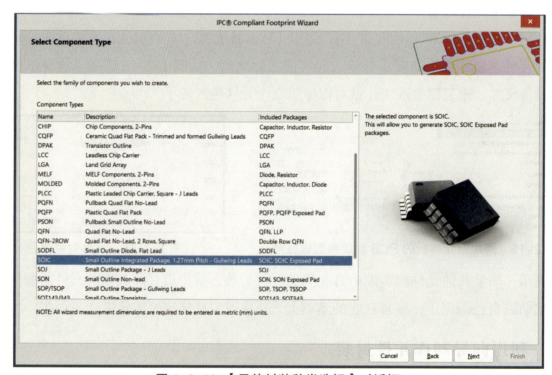

图1-2-18　【元件封装种类选择】对话框

④单击【Next】按钮，进入【封装尺寸设置】对话框。这里元件封装尺寸的信息可以在数据手册中找到。把相应的信息对应地填写到左边的表格中，就可以获取右侧元件PCB封装的

预览图。设置封装尺寸如图 1-2-19 所示。

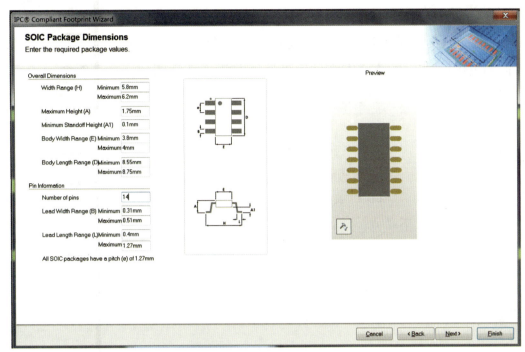

图 1-2-19　设置封装尺寸

⑤连续单击【Next】按钮，跳过不需要使用的界面，进入到【SOIC Solder Fillets】界面。这个界面用于设定焊膏溶化后浸润的最小宽度要求，J_T、J_H 和 J_S 分别对应引脚的前、后和侧面的浸润宽度。这些数据在 IPC 组织提供的标准中能够找到，严格依照标准中的数据要求就能保障产品的良品率。因此，在制作 PCB 封装时需要严格地遵循标准。如果在这个页面中勾选了【Use default value】复选框，则 Altium Designer 软件就会使用符合 IPC 标准的 J_T、J_H 和 J_S 数据。

⑥如果不需要作其他设定，则单击【Finish】按钮完成封装向导，就可以得到符合 IPC 标准的 SOP14 的 PCB 封装。封装效果如图 1-2-20 所示。

⑦完成建模。

这个封装向导工具还完成了封装 SOIC14 元件的 3D 建模。按〈3〉键进入 3D PCB 模式，可以查看它的 3D 模型。这个 3D 模型运用了 Altium Designer 中的 3D Body 技术，使用封装尺寸中有关元件封装体的长、宽、高数据生成了这个元件的 3D Body。

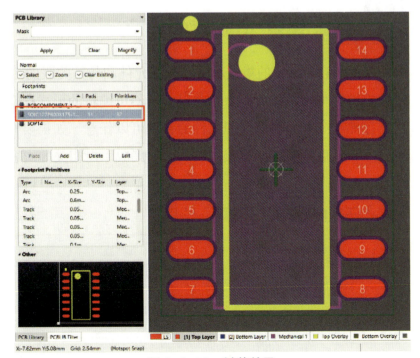

图 1-2-20　封装效果

双击图 1-2-20 中的阴影部分，可以在弹出的对话框中更改相关设置，如图 1-2-21 所示。

为了得到更加逼真的显示效果，我们还可以为这个 3D Body 添加装饰图片。在图 1-2-21 的【文本文件】处选择并添加装饰图片，如芯片表面印字的图片。

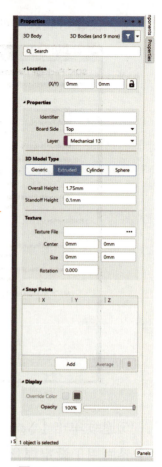

图 1-2-21　3D Body 参数设置

知识回顾

通过本任务的学习，对 PCB 封装库的创建、PCB 元件的绘制有了整体的认识，懂得了以下 7 点：

①创建 PCB 封装库；
②设置 PCB 封装库编辑环境；
③封装命名；
④放置焊盘；
⑤绘制元件封装外形；
⑥定义引脚参考点；
⑦利用向导制作元件封装。

任务3　集成库的建立

Altium Designer 的集成库将原理图元件和与其关联的 PCB 封装方式、SPICE 仿真模型及信号完整性模型有机结合起来，并以一个不可编辑的形式存在。所有的模型信息被复制到集成库内，存储在一起，而模型源文件的存放可以任意。如果要修改集成库，则需要先修改相应的源文件库，然后重新编译集成库以及更新集成库内相关的内容。

任务内容

1. 创建集成库。
2. 集成库的管理与维护。

一、集成库的创建

1. 新建集成库工程

打开 Altium Designer 软件，单击【文件】→【新的】→【库】→【集成库】，在弹出的【新建集成库】对话框中右击【Integrated Library】，选择【另存为】选项，在弹出的对话框中选择保存路径，在【文件名】文本框内输入集成库名称，最后单击【保存】按钮，过程如图 1-3-1 所示。

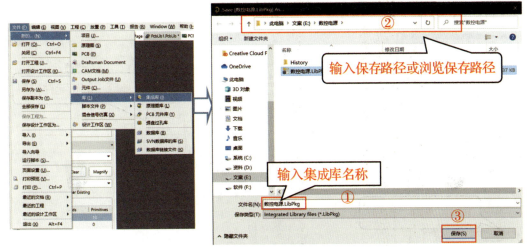

图 1-3-1 创建集成库过程

2. 添加原理图库和 PCB 封装库

创建集成库工程后需要为它添加设计文件——原理图库和 PCB 封装库，这两个操作可以通过右击菜单完成。单击选中这个工程文件，然后右击，在弹出的菜单中选择【添加新的...到工程】选项，并在展开的菜单中分别单击【Schematic Library】和【PCB Library】，创建各自的库文件。添加过程如图 1-3-2 所示。然后根据要求分别绘制好原理图元件符号和 PCB 封装元件。

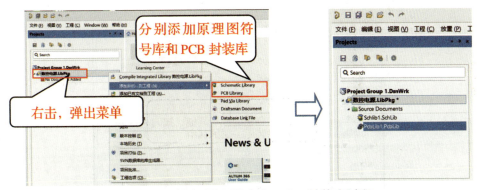

图 1-3-2 添加原理图库和 PCB 封装库过程

如果之前已经添加好原理图库和 PCB 封装库，只需要打开这两个文件，在【Projects】面板中，把打开的原理图库和 PCB 封装库拖入到集成库工程目录下，如图 1-3-3 所示。

3. 关联元件模型

Altium Designer 的集成库管理中，以元件的符号为集成库的检索条目。所以，其他的元件模型都关联到原理图元件符号上。

（1）关联模型方法

添加关联模型可以在原理图库面板【SCH Library】（【Panels】→【SCH Library】）中双击选中的元件，打开元件属性【Library Component Properties】面板操作，或者右击选中的元件，在弹出的菜单中选择【模型管理器】选项，再进行操作，如图 1-3-4 所示。

图 1-3-3 把打开的原理图符号库和 PCB 封装库拖入到集成库工程目录下

 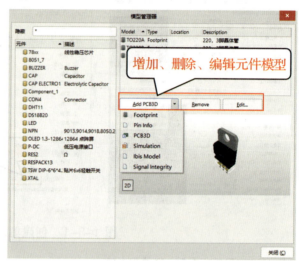

图 1-3-4 可以进行关联元件模型的面板

（2）关联模型操作

在上述面板中的模型区域单击【浏览】按钮，会弹出【浏览库】对话框，单击【▼】按钮会弹出浏览路径，找到自己创建的或者其他已知的封装库添加其中。添加封装库过程如图 1-3-5 所示。

图 1-3-5 添加封装库过程

4. 构建集成库

完成元件关联模型后，可以把这个元件库封装成为集成库。这样所有元件的模型文件及其他的相关信息都打包成为一个文件——集成库文件（.LibPkg）。可以把这个文件复制到任何一台电脑中使用，每个元件的模型文件和相关信息都可以一同带到新的设计中。

（1）编译

选中工程面板中的集成库工程后右击，然后选择菜单中的【Compile Integrated Library 数控电源.LibPkg】选项，如图 1-3-6 所示。

编译命令完成后，这个集成库会出现在库面板中。另外，在存储这个集成库工程的文件夹中新添了一个子文件夹，它的名字是 Project Outputs。这个集成库以集成库工程的名字命名，它的后缀名为 .IntLib。

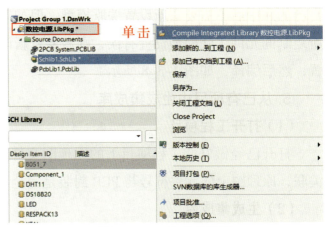

图 1-3-6　集成库编译

（2）集成库合并

在已知的集成库中如果有自己需要的元件，就不需要自己绘制，只需要打开集成库，复制已知集成库里面的原理图库和 PCB 封装库中所需元件，到自己的集成库的原理图库和 PCB 封装库中，然后重新编译即可。集成库元件的复制粘贴如图 1-3-7 所示。

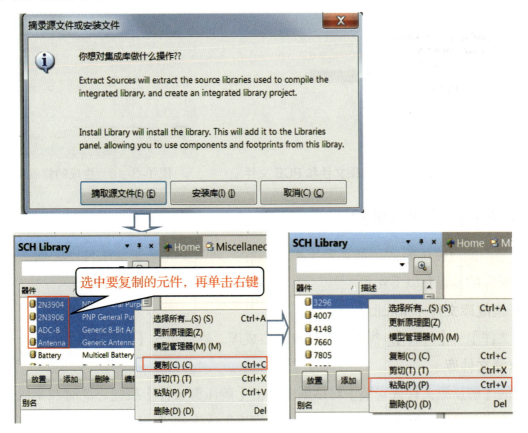

图 1-3-7　集成库元件的复制粘贴

同样的操作，再把与原理图库元件相对应的PCB封装库元件也复制到自己的集成库下的封装库中，或者直接把整个需要复制的封装库直接添加到自己的集成库工程下。如果已知的集成库中元件的关联模型已经正确设置，则在复制粘贴到自己的库中后不需要重新设置关联模型，但如果所复制的元件关联模型设置有误，则需要重新设置，然后编译，如图1-3-8所示。

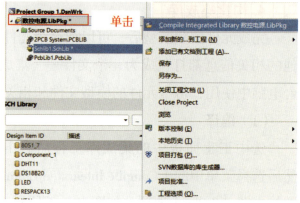

图1-3-8　编译集成库

5. 从已有项目中生成集成库

（1）打开工程项目

打开已经做好的工程项目下的原理图文件和PCB文件，确保该原理图文件与PCB文件相关联，原理图上的元件符号与PCB封装是完全对应的，如图1-3-9所示。

（2）生成集成库

在原理图符号库编辑器环境中或者PCB封装库编辑器界面中单击【设计】→【生成集成库】。生成的集成库将被自动添加到当前活动库面板上。如图1-3-10所示。

图1-3-9　打开工程项目下的原理图文件和PCB文件

图1-3-10　生成的集成库

二、集成库的管理与维护

集成库是不能直接编辑的，如果要维护集成库，则需要先编辑源文件库，然后再重新编译。维护集成库的步骤有以下4步。

1. 打开集成库文件（.IntLib）

单击【文件】→【打开】，找到需要修改的集成库，然后单击【打开】按钮。

2. 提取源文件库

在弹出的【解压源文件或安装】对话框中单击【解压源文件】按钮，此时在集成库所在的路径下自动生成与集成库同名的文件夹，并将组成该集成库的.SchLib文件和.PcbLib文件置在此处以供用户修改。

提取源文件过程如图 1-3-11 所示。

3. 编辑源文件

在项目管理器面板上打开原理图库文件（.SchLib），编辑完成后，单击【文件】→【另存为】，保存编辑后的元件以及库工程。

4. 重新编译集成库

在【Projects】面板中单击【数控电源.SchDoc】编译库工程，但是编译后的集成库文件并不能

图 1-3-11　提取源文件库过程

自动覆盖原集成库，也就是说，新生成的集成库保存路径与原来路径是不一样的。若要更改路径，需单击【工程】→【工程选项】，打开【集成库选项】对话框，切换到【Options】选项卡，修改其中的输出路径即可，如图 1-3-12 所示；或者在【Projects】面板中，选中需要更改输出路径的项目工程，右击，在弹出的菜单中单击【工程参数】→【Options】，修改其中的输出路径。

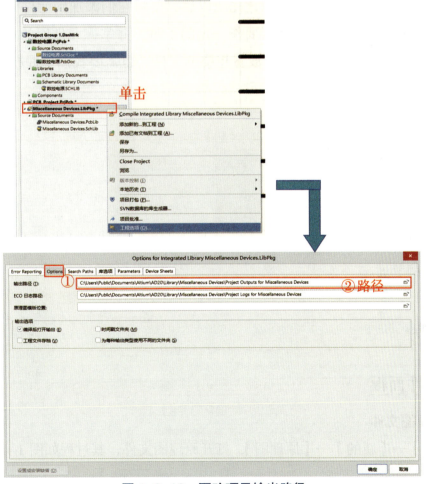

图 1-3-12　更改项目输出路径

知识回顾

通过本任务的学习,对创建集成库、编译集成库、从完整的工程项目中创建集成库和管理维护集成库有了整体的认识,懂得了以下6点:

①创建集成库工程并保存;
②添加原理图库和PCB封装库;
③原理图库中添加关联模型;
④编译集成库;
⑤从已知项目中生成集成库;
⑥管理和维护集成库。

任务4　555定时器简单工程应用

原理图库、PCB封装库、集成库创建完成以后,要将它们添加到元件管理器中才能对里面的元件进行调用。所以对元件管理器要作一定的了解,并掌握元件库的加载;元件加载好以后,如何查找想要的元件,如何调用放置想要的元件,也需要我们掌握相关技能。

任务内容

1. 会操作库文件面板。
2. 会加载元件。
3. 会查找元件。
4. 懂得元件调用。
5. 懂得元件的放置。

任务完成

一、库文件面板

1. 打开原理图文件

单击【文件】→【新的】→【原理图】,打开原理图文件,其过程如图1-4-1所示。

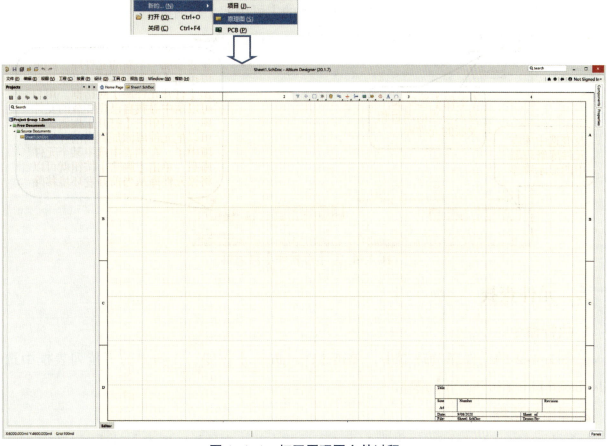

图 1-4-1 打开原理图文件过程

2. 打开库文件面板

在原理图符号库编辑器界面工具栏中单击，放置元件图标；或者单击界面右下角【Panels】→【Components】，弹出图 1-4-2 所示的元件库管理器。

二、加载元件

1. 执行命令

单击图 1-4-2 中的【Operations】按钮，在弹出的下拉列表框中选择【File-based Libraries Preferences】选项；或者使用快捷键〈O+P〉，打开优选项，在【Data Management】选项中选择【File-based Libraries】，在里面即可完成库的添加与移除操作。

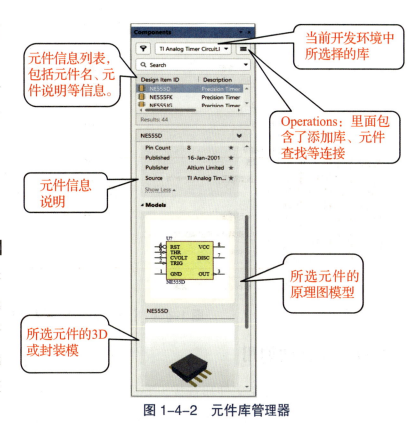

图 1-4-2 元件库管理器

2. 打开加载对话框

执行上述命令后，系统将弹出图 1-4-3 所示的【可用库】对话框。

图 1-4-3 【可用库】对话框

三、元件查找

1. 执行命令

在图 1-4-2 的元件库管理器中，单击【Operations】按钮，在弹出的下拉列表框中选择【File-based Libraries Search】选项。

2. 弹出对话框

执行上述命令后，系统将弹出图 1-4-4 所示的【基于文件的库搜索】对话框。在该对话框中，可以设定查找对象及查找范围，可以查找的对象为包含在 .IntLib 文件的元件中。

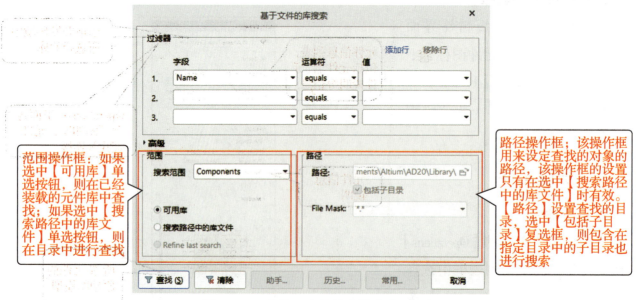

图 1-4-4 【基于文件的库搜索】对话框

四、元件的调用

在掌握如何加载库文件和查找想要的元件以后，接下来可以进行简单的应用。也就是在原理图环境中怎样找到元件，怎样把找到的元件调用放置到原理图中。

1. 打开原理图文件

单击【文件】→【新的】→【原理图】，打开原理图文件。

2. 打开库文件面板

在原理图符号库编辑器界面工具栏中单击，放置器件图标；或者单击界面右下角【Panels】→【Components】，弹出元件库管理器。

3. 找到相应元件

找元件的一种方法是在现有的元件库中一个个查找自己适合的，这种方法速度较慢，并且在不记得元件名称的情况下，只能边看元件外形边按〈PgUp〉或〈PgDn〉键在库管理器中慢慢找。另一种方法就是图 1-4-4 中介绍的方法，这种查找方法速度是比较快的。这里再介绍一种更常用的方法。

一般要想快速查找元件都要知道元件名称，且要对常见的元件名称要熟悉。在自己绘制原理图库或者 PCB 封装库时，元件的型号、名称都要了如指掌。

假设要放置一个 NE555 定时器，先加载 TI Analog Timer Circuit. IntLib 库文件，在库文件中查找 NE555 定时器，这样和 NE555 相关的元件都出现在列表中。查找 NE555 定时器如图 1-4-5 所示。

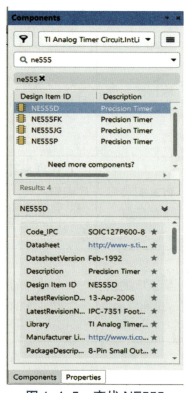

图 1-4-5　查找 NE555 定时器

五、元件放置

1. 不连续放置

图 1-4-5 中，在选中需要的 NE555 定时器之后，按住鼠标左键直接将其拖入原理图中，再单击进行放置。如果再放置第 2 个，就必须得重新拖入。

2. 连续放置

图 1-4-5 中，选中所需要型号的元件，双击元件。这时，光标处粘着一个 NE555 元件，单击便放置完一个，此时光标处还粘着一个，可以多次放置，直到右击后停止放置。

知识回顾

通过本任务的学习，对元件库的加载和被调用过程有了整体的认识，懂得了以下 5 点：

① 库文件面板的熟悉；

② 加载元件库；

③ 在库中查找元件；

④ 调用元件；

⑤ 元件放置。

项目评价

项目完成情况评价表如综表1所示。

综表1 项目完成情况评价表

项目名称			评价时间		年 月 日	
小组名称			小组成员			
评价内容	评价要求	权重	评价标准	学生自评得分	小组评价得分	教师评价得分	合计
职业与安全意识	1. 操作符合安全操作规程 2. 遵守纪律、爱惜设备、工位整洁 3. 具有团队协作精神	10%	好（10） 较好（8） 一般（6） 差（<6）				
原理图元件符号的绘制	1. 熟练操作原理图符号库编辑器 2. 元件符号的绘制	10%	好（10） 较好（8） 一般（6） 差（<6）				
PCB封装库的绘制	1. 熟练操作PCB封装库编辑器 2. PCB元件封装的绘制	15%	好（15） 较好（12） 一般（9） 差（<9）				
集成库的创建和管理	1. 集成库的创建 2. 集成库的管理	60%	好（60） 较好（48） 一般（36） 差（<36）				
问题与思考	官方有关元件库的获取	5%	好（5） 较好（4） 一般（3） 差（<3）				
教师签名			学生签名		总分	

项目评价 = 学生自评（0.2）+ 小组评价（0.3）+ 教师评价（0.5）

项目 2
直流电动机控制器原理图的绘制

项目布置

1. 创建直流电动机控制器 PCB 工程。
2. 能认识原理图编辑器界面。
3. 能创建 PCB 工程、网络表，设置相关元件属性。
4. 能绘制直流电动机控制器电路原理图。

项目分析

在实际的项目中，原理图作为 PCB 设计的起点，是整个 PCB 设计中最重要的一个环节。因此，需要对电路充分理解，并对电路原理部分精益求精。原理图是设计的符号化（逻辑/功能）表示，用于定义网络表连接信息，其用途是有效传递信息，并与使用者之间进行良好的沟通。除了定义电路的连接线，原理图还将使用通用的规则来进行准确的信息沟通，同时可以使用注释和标注提供更详细的设计信息。

项目流程

项目流程如图 2-0-1 所示。

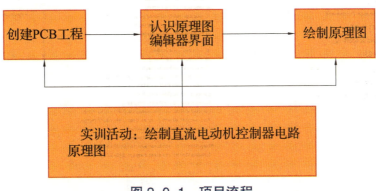

图 2-0-1　项目流程

任务 1 创建直流电动机控制器 PCB 工程

 任务内容

1. 创建直流电动机控制器 PCB 工程。
2. 添加直流电动机控制器原理图文件到工程。
3. 从直流电动机控制器工程中删除文件。
4. 以直流电动机控制器为新名字另存文件。
5. 改变直流电动机控制器工程。

 任务完成

一、创建一个新的 PCB 工程

1. 启动主菜单

单击【文件】→【新的】→【项目】,弹出【Project Type】(菜单列表)列表框,在列表框中列出了可以创建的各种工程类型。单击选择【PCB】工程类型,再选择【〈Default〉】默认工程模版,最后选择工程存放路径,改好工程文件名,单击【Create】按钮保存即可。启动主菜单步骤如图 2-1-2 所示。

2. 启动文件面板

单击【文件】→【新的】→【项目】,弹出【Create Project】对话框。按图 2-1-1 进行工程命名、路径保存的操作。

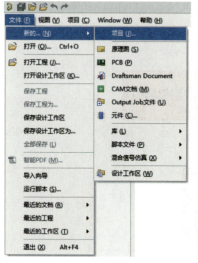 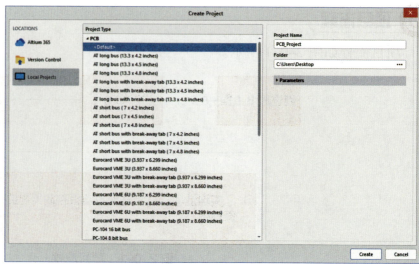

图 2-1-1 启动主菜单

二、添加文件到工程

1. 添加新文件

在【Projects】面板中，右击所创建的工程，在弹出的快捷菜单栏中选择【添加新的…到工程】选项，在二级菜单中再选择需要的子图文件。例如，如果要绘制SCH原理图文件，则可以选择【Schematic】选项，添加新文件步骤如图2-1-2所示。如果界面中没有出现【Projects】面板，则单击右下角【Panels】按钮，在弹出的菜单中选择【Project】选项，就会打开【Projects】面板。

2. 保存文件

添加好新文件后，对添加的新文件应及时保存。注意子图文件保存路径应与对应的工程文件存放路径一致。在原理图编辑器界面中单击【文件】→【保存为】，弹出【Save [Sheet1.SchDoc]As】对话框，选择保存路径并在【文件名】文本框内输入新文件名，单击【保存】按钮，如图2-1-3所示。

图 2-1-2　添加新文件

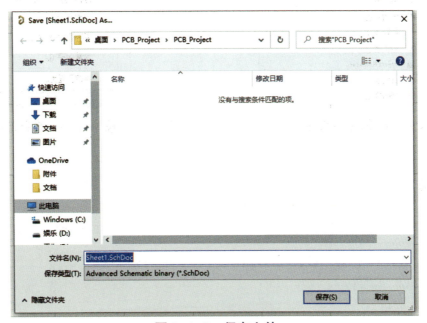

图 2-1-3　保存文件

三、从工程中删除文件

工程文件是一个系统的组合，所以删除工程文件也有规定步骤。删除方法有很多，在这里介绍比较简单的方式。在【Projects】面板中，右击想要删除的文件，在弹出的快捷菜单中选择【从工程中移除】选项，如图2-1-4所示。

四、以新名字另存文件

在原工程文件已经被保存的前提下，可以右击，在弹出的快捷菜单中单击【文件】→【另存为】，在弹出的对话框中注明新的名字来保存工程文件，如图2-1-5所示。

五、改变工程

改变工程其实是共享子图的做法，如图2-1-6所示。在原工程已经被保存的前提下，单击【文件】→【保存设计工作区为】，在弹出的对话框中注明新的名字来保存文件。最后把本工程的文件复制至其他工程文件中，作为其他工程的子图文件。

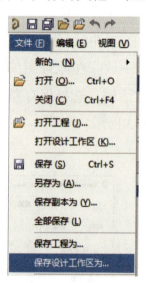

图 2-1-4　从工程中删除文件

图 2-1-5　另存为文件　　　　图 2-1-6　改变工程

知识回顾

通过本任务的学习，对PCB工程建立及工程中文件删除、共享转换等操作有了一定的了解，懂得了以下5点：

①创建新的 PCB 工程；

②添加文件到工程；

③从工程中删除文件；

④以新名字另存文件；

⑤改变工程。

项目2 直流电动机控制器原理图的绘制 35

任务2 认识原理图编辑器界面

任务内容

1. 原理图编辑器介绍。
2. 认识主菜单栏各部分功能。
3. 认识工具栏各部分功能。
4. 会操作工作面板。

任务完成

一、原理图编辑器

1. 新建原理图文件

在【Projects】面板中，右击新建的工程，在弹出的快捷菜单中单击【添加新的…到工程】→【Schematic】，【Projects】面板中将出现一个新的原理图文件，Sheetl.SchDoc 为新建文件的默认名称，如图 2-2-1 所示。

图 2-2-1 添加新的原理图文件至工程

2. 原理图编辑器界面

原理图编辑器界面主要由菜单栏、工具栏、工作区和属性栏等组成，图 2-2-2 所示为原理图编辑器界面。

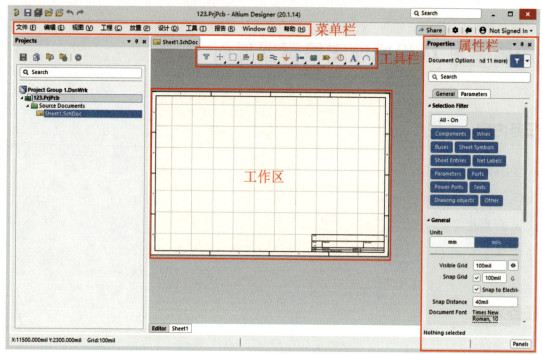

图 2-2-2 原理图编辑器界面

二、主菜单栏

Altium Designer 20 设计系统对于不同类型的文件操作来说，菜单栏的内容会发生相应的改变。在原理图编辑器环境下，菜单栏会变成图 2-2-3 所示形式，而原理图的各种编辑都可以通过各菜单中的相应命令来完成。

图 2-2-3 原理图编辑器环境下的菜单栏

【文件】菜单：主要用于文件的新建、打开、关闭、保存与打印等操作。

【编辑】菜单：用于对象的选取、复制、粘贴与查找等编辑操作。

【视图】菜单：用于视图的各种管理。如工作窗口的放大与缩小，各种工具、面板、状态栏及节点的显示与隐藏等。

【工程】菜单：用于与工程有关的各种操作。如工程文件的打开与关闭、工程文件的编译及比较等。

【放置】菜单：用于放置原理图中的各组合部分。

【设计】菜单：用于对元件库进行操作、生成网络报表等操作。

【工具】菜单：可为原理图设计提供各种工具，如元件快速定位等操作。

【报告】菜单：可进行生成原理图的各种报表操作。

【Window】（窗口）菜单：可对窗口进行各种操作。

【帮助】菜单：辅助操作。

项目2　直流电动机控制器原理图的绘制

三、工具栏

在原理图编辑器设计界面中，Altium Designer 20 提供了功能强大的工具栏，这里主要介绍绘制原理图常用的工具栏。

单击【视图】→【工具栏】→【自定义】，弹出图 2-2-4 所示的【Customizing Sch Editor】对话框（定制原理图编辑器），在该对话框中可以对工具栏进行增、减等操作，以便用户创建自己的个性化工具栏。

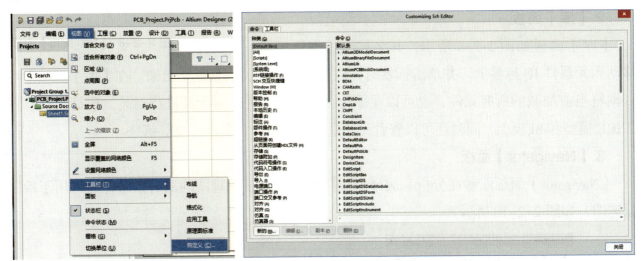

图 2-2-4　【Customizing Sch Editor】对话框

1.【原理图标准】工具栏

【原理图标准】工具栏中为用户提供了一些常用的原理图操作快捷方式，如打印、缩放、复制和粘贴等，并以按钮图标的形式表示出来。当光标悬停在某个按钮图标上时，相应功能就会显现，便于用户操作，如图 2-2-5 所示。

图 2-2-5　【原理图标准】工具栏

2.【布线】工具栏

【布线】工具栏主要用于放置原理图中的元件、电源、接地、端口、图纸符号和未用引脚标志等，同时完成连线操作，如图 2-2-6 所示。

图 2-2-6　【布线】工具栏

3.【应用工具】工具栏

【应用工具】工具栏包含【实用工具】【对齐工具】【电源】【栅格】4 大类综合工具，如图 2-2-7 所示。例如，【绘图】工具用于在原理图中绘制所需要的标注信息，不代表电气连接。

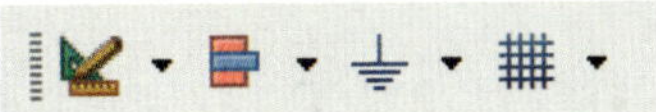

图 2-2-7　【应用工具】工具栏

四、工作面板

在工作面板中,【Projects】面板,【库】面板及【Navigator】面板是原理图设计常用的操作面板。

1.【Projects】面板

【Projects】面板列出了当前打开工程的文件列表及所有的临时文件,提供了所有关于工程的操作功能,如图2-2-8所示。

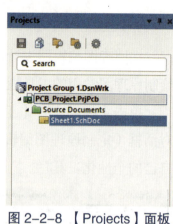

图2-2-8 【Projects】面板

2.【库】面板

【库】面板如图2-2-9所示,其又称元件库管理器,当光标移动到元器件ID标签上,并单击标签时,该元器件的相关信息就会出来。在【库】面板上可以浏览当前加载的所有元件,也可以在原理图上放置元件,对元件进行封装,预览3D模型、SPICE模型和SI模型,同时还可以查看元件供应商、单价、生产厂商等信息。

3.【Navigator】面板

【Navigator】面板能够在分析和编译原理图后提供关于原理图的所有信息,通常用于检查原理图,如图2-2-10所示。

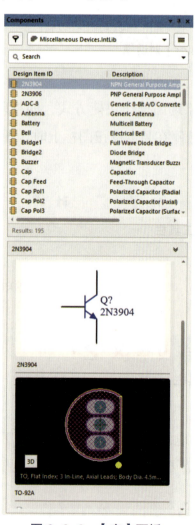

图2-2-9 【库】面板

图2-2-10 【Navigator】面板

项目2 直流电动机控制器原理图的绘制

通过本任务的学习，对原理图编辑器界面有了整体的认识，懂得了以下3点：
①新建原理图文件的方法；
②菜单栏和工具栏常用命令；
③常用的工作面板的操作。
同时，在知识链接（二维码）中，也对原理图绘制流程进行了介绍。

 绘制直流电动机控制器原理图

 任务内容

1. 绘制原理图。
2. 绘制原理图符号。
3. 创建PCB工程与添加原理图。
4. 图纸设置。
5. 加载元件库。
6. 放置元件。
7. 使用图形工具栏绘制。
8. 元件的电气连接。
9. 元件标识与参数修改。
10. 放置指示符。
11. 层次原理图的绘制方法。
12. 层次原理图之间的切换。
13. 查错及编译。

 任务完成

一、绘制原理图

本任务以直流电动机控制器电路为例进行原理图的绘制，从而掌握原理图的绘制过程和具体的绘制方法。

在集成库文件【Miscellaneous Connectors】和【Miscellaneous Devices】中芯片TPS5430、

IR2103S 和 STM32F030F4P6 是没有的，需要自己绘制原理图符号，具体绘制方法请参考项目1任务1中相关内容。直流电动机控制器中有电源供电、MOS 管驱动、电流反馈、单片机控制等单元电路。外部电源通过电源连接插件 P1 与本直流电动机控制器电路板上的电源电路连接；UART1 是板上单片机接口与外部上位机通信部分相连的接口插件；SWD1 是用于 STM32 单片机下载程序的接口插件。直流电动机控制器电路如图 2-3-1 所示。

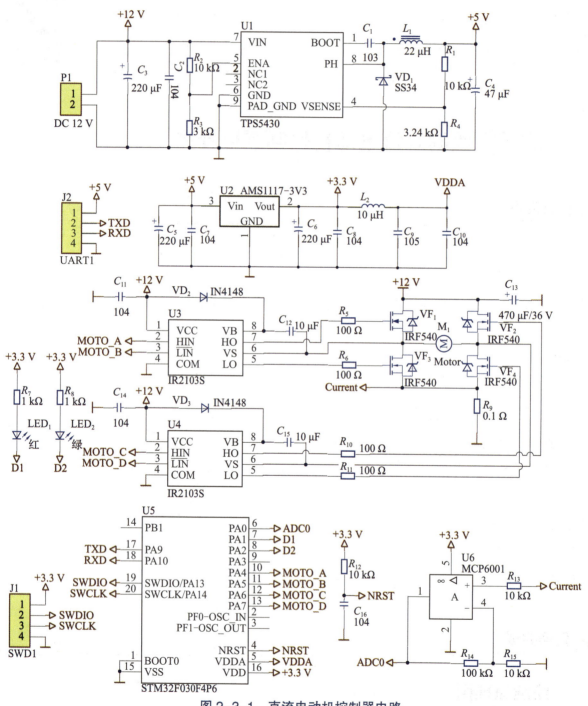

图 2-3-1　直流电动机控制器电路

二、绘制原理图符号

采用项目1任务1介绍的方法绘制好单片机与开关电源芯片原理图符号，如图 2-3-2 所示。

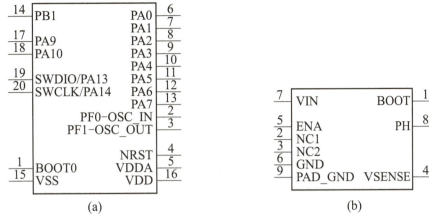

图 2-3-2 绘制原理图符号

（a）STM32单片机原理图符号；（b）TPS5430开关电源芯片

三、创建 PCB 工程与添加原理图

采用项目 2 任务 1 中介绍的方法创建 PCB 工程和添加原理图。

四、图纸设置

在原理图编辑器界面中，单击右下角【Panels】→【Properties】，并弹出图 2-3-3 所示的【Properties】对话框。在对话框中，可以对原理图的捕捉栅格、可见栅格、电气栅格、图纸大小、图纸单位、原理图过滤器等进行设置。

五、加载元件库

由于加载到【库】面板的元件库占用系统内存，当用户加载的元件库过多时，就会占用过多的内存，影响系统运行。因此一般添加与项目相关的库，并移除其他不相关的库。

六、放置元件

在当前任务中加载了元件库后，就要在原理图图纸中放置元件。

1. 调整图纸大小

单击【视图】→【适合所有对象】，使原理图图纸显示在整个窗口中。单击【视图】→

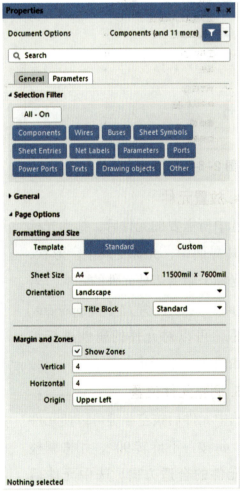

图 2-3-3 【Properties】对话框

【放大】（或【缩小】）可以放大（或缩小）原理图图纸视图；按〈PgUp〉键和〈PgDn〉键也可以对原理图进行放大和缩小；还可以使用滚轮实现对原理图的放大和缩小，一般采用这种方法进行操作比较方便，如图 2-3-4 所示。

2. 元件快速定位

见项目 1 任务 4 的介绍。

3. 放置端口

在原理图编辑器界面中，单击工具栏上的 放置端口，或者在原理图空白处右击，在弹出的快捷菜单中选择【端口】选项，弹出【Port】端口，放置在合适的位置，此时按下 TAB 键，弹出如图 2-3-5 所示对话框。

图 2-3-4 【视图】菜单

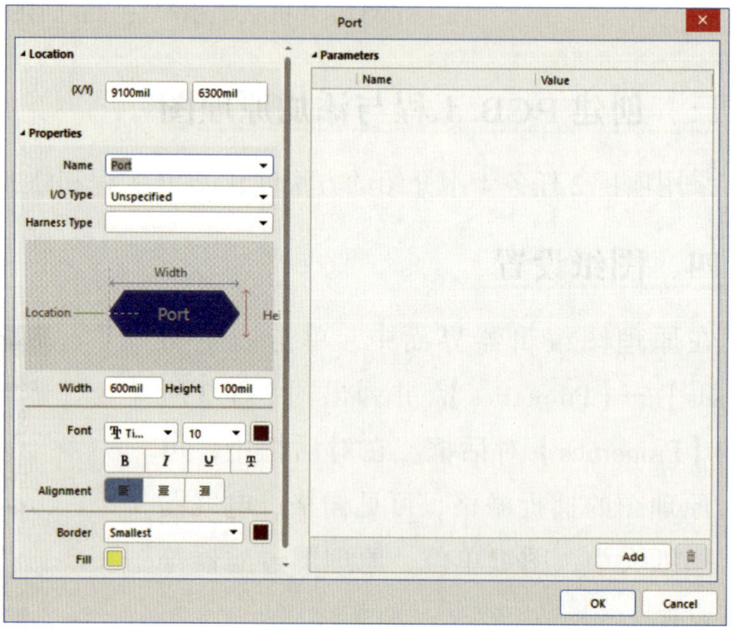

图 2-3-5 通过【Port】对话框定位元件

4. 放置元件

选中所需要的元件后，拖动光标到 SCH 界面中，光标变成十字形状，同时光标上附着需要元件的轮廓。若按〈Tab〉键，将弹出【Component】对话框，可以对元件的属性进行编辑，如图 2-3-6 所示。

5. 调整元件位置

选中元件后按空格键可以使元件旋转，每按一下旋转 90°，用来调整放置元件的合适方向。选中元件后按〈X〉键可以使元件左右翻转，按

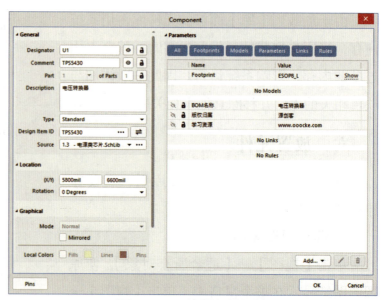

图 2-3-6 编辑元件属性

〈Y〉键可以使元件上下翻转，这样变换位置可以方便电气连线，使连线能够更方便和美观。

6. 放置所有元件

将所有元件放置并调整好位置，如图 2-3-7 所示。

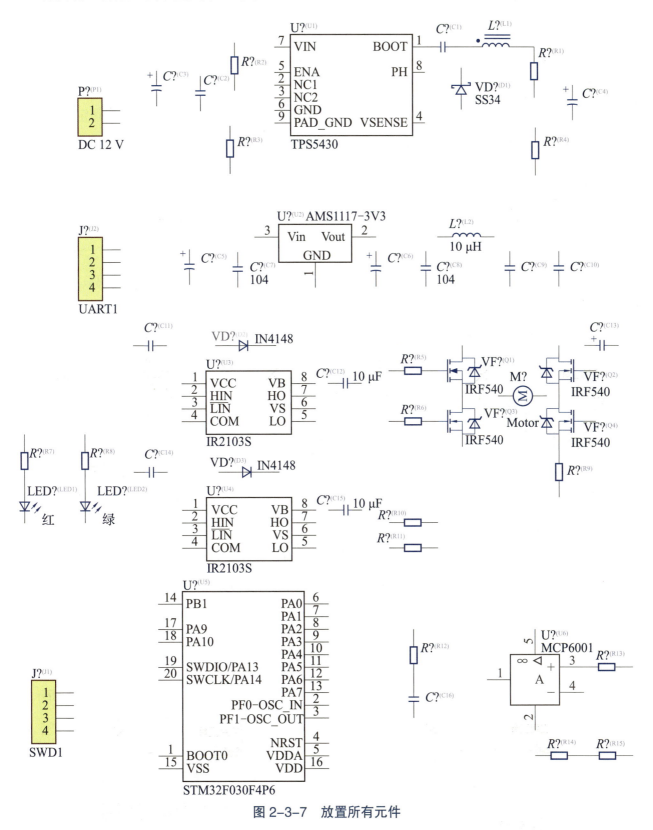

图 2-3-7　放置所有元件

七、使用图形工具栏绘图

在原理图编辑器界面中,与配线工具栏相对应的是图形工具栏,用于在原理图中绘制各种标注信息,使电路图更清晰、数据更完整、可读性更强。图形工具栏中的各种图元均不具有电气连接特性,所以系统在作 ERC 检查及转换成网络表时,它们不会产生任何影响,也不会附加在网络表数据中。下面将介绍图形工具栏各项功能。

1. 绘制直线

单击【放置】→【绘图工具】→【直线】(或相应按钮),在原理图中单击确定直线的起点,绘制完毕后右击退出当前直线的绘制,如图 2-3-8 所示。

2. 绘制多边形

单击【放置】→【绘图工具】→【多边形】(或相应按钮),在原理图中单击确定多边形的起点,多次单击确定多边形的多个顶点,绘制完成右击退出当前多边形的绘制,如图 2-3-9 所示。

3. 绘制椭圆

单击【放置】→【绘图工具】→【椭圆】(或相应按钮),光标变成十字形。移动光标到绘制位置,单击确定椭圆的中心,第 2 次单击确定椭圆 X 轴长度,第 3 次单击确定椭圆 Y 轴长度,最后右击退出当前椭圆的绘制,如图 2-3-10 所示。

图 2-3-8　绘制直线

图 2-3-9　绘制多边形

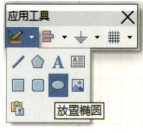
图 2-3-10　绘制椭圆

4. 绘制矩形

单击【放置】→【绘图工具】→【矩形】(或相应按钮),光标变成十字形状,并附着一个矩形。移动光标放到绘制位置,单击确定一个顶点,移动到另一个位置单击确定其对角顶点,最后右击完成当前矩形的绘制,如图 2-3-11 所示。

5. 添加文本字符串

为了增加原理图的可读性,一般会在某些位置添加一些文字说明。单击【放置】→【文本字符串】(或相应按钮),光标变成十字形状,出现带有 Text 标志的字符串,如图 2-3-12 所示。

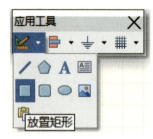
图 2-3-11　绘制矩形

图 2-3-12　添加文本字符串

6. 给原理图分区并加上备注信息

先用直线将原理图按功能区分块，直线要加粗位置为【Large】，并设置为蓝色；同时在分块的上方放置字符串，并进行相应命名，将字体设置为宋体，字号大小为20，如图 2-3-13 所示。

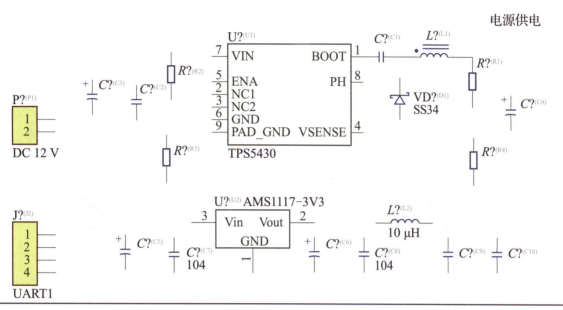

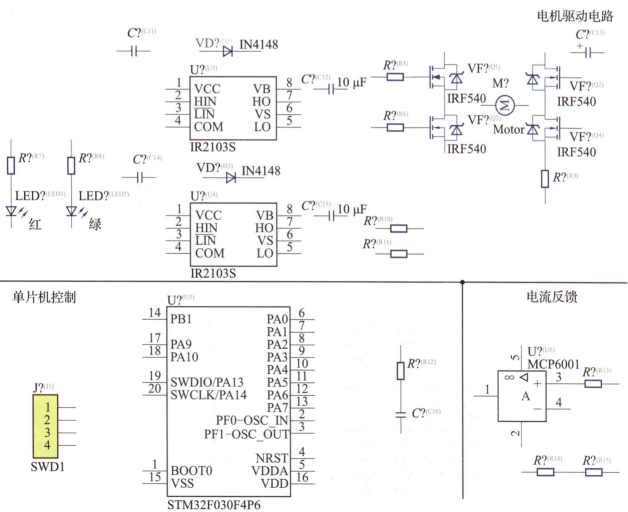

图 2-3-13　原理图功能分块并备注

八、元件的电气连接

熟练使用电路图绘制工具是绘制电路原理图必需的技能。在原理图编辑器界面中单击【放置】按钮会弹出绘图工具,一般直接在工具栏上的【布线】工具栏中单击,其中有很多布线工具,参考图2-2-7。

1. 绘制导线

单击【布线】工具栏中的第1个按钮进入绘制导线状态,将光标移动到要绘制导线的起点上。若导线的起点是元件的引脚,则当光标靠近元件引脚时,会自动移动到元件的引脚上,同时出现一个红色的交叉表示电气连接的意义。单击确定导线的起点,导线确定每转折1次要单击1次,转折共有3个模式(直线、45°角、直角),结束绘制也要单击,如图2-3-14所示。

图2-3-14 绘制直线

2. 设置网络标号

在原理图绘制界面中,元件之间的电气连接可以通过【布线】工具栏中的放置网络标号来实现,如图2-3-15所示。如果具有相同网络标号,则表明电气连接是连在一起。网络标号用于标示原理图中各层次电路模块之间的连接状态,放置网络标号举例如图2-3-16所示。单片机端口PA0接入网络标号为LED,另一端也放置相同的网络标号,使用网络标号代替实际走线可以简化电路图。

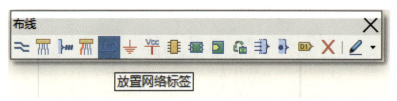

图2-3-15 放置网络标签

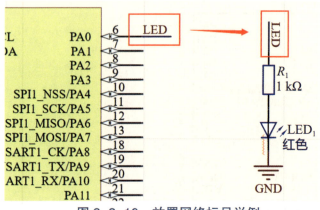

图2-3-16 放置网络标号举例

3. 绘制总线

为简化原理图,可以将由多条导线或网络标号组成的网络绘制成总线。总线本来没有实际的电气意义,必须由组成总线的各导线的网络名称来完成电气的连接。首先绘制好网络标号;其次在网络标号上放置总线入口,如图 2-3-17 所示;最后使用总线连接起来。总线绘制举例如图 2-3-18 所示。

图 2-3-17 在网络标号上放置总线入口

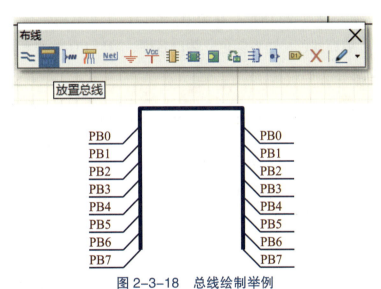

图 2-3-18 总线绘制举例

4. 放置电源与接地符号

通常利用【布线】工具栏中的电源和接地符号按钮完成电源和接地符号的放置,如图 2-3-19 所示。完成放置后,需要设置属性,即启动放置电源和接地符号命令后,按〈Tab〉键弹出【Properties】对话框或双击电源符号弹出【Power Port】对话框,改变其颜色、定位、位置、类型、网络标号,如图 2-3-20 所示。

图 2-3-19 放置 GND(接地)端口

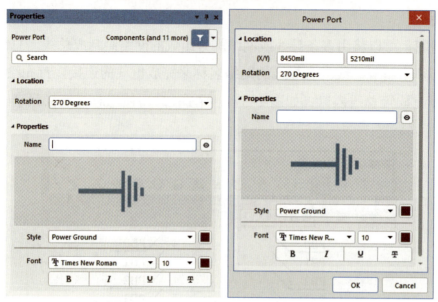

图 2-3-20　设置电源和接地符号属性

5. 放置输入/输出端口

放置输入/输出端口，实现电气连接，放置方法与放置电源与接地符号相似，如图 2-3-21 所示。放置输入/输出端口后，按〈Tab〉键弹出【Properties】对话框，或双击已放置的端口，弹出【Port】对话框，如图 2-3-22 所示。在图中，可以改变文本高度、文本颜色、端口类型、端口位置、端口宽度、填充颜色、边界颜色、端口名称、端口 I/O 类型等。

图 2-3-21　放置输入/输出端口

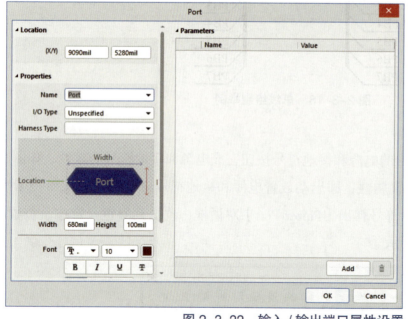

图 2-3-22　输入/输出端口属性设置

6. 电气连接后的原理图

按照前面介绍的方法进行电气连接后,其原理图如图 2-3-23 所示。

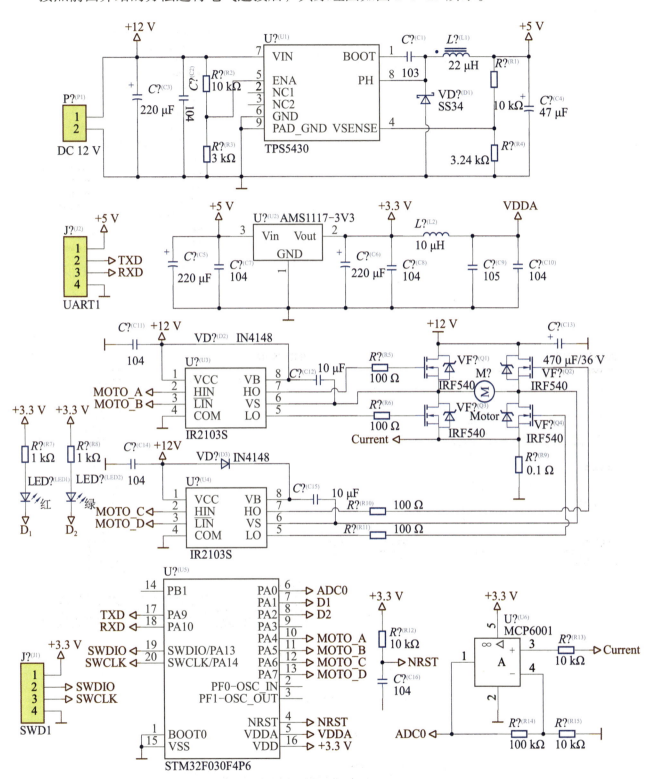

图 2-3-23 电气连接后的原理图

九、元件标识与参数修改

1. 自动标识元件

单击【工具】→【标注】→【原理图标注】,【标注】菜单如图2-3-24所示,弹出【标注】对话框,如图2-3-25所示,可以自动标识元件。

单击【更新更改列表】按钮,弹出图2-3-26所示的更新元件标识对话框,单击【OK】按钮。弹出【工程变更指令】对话框,如图2-3-27所示。

单击【验证变更】按钮,验证修改是否正确,若【检测】栏显示"√"标记,则表示修改正确。

单击【执行变更】按钮,若【检测】和【完成】栏同时显示"√"标记,则表明修改成功,如图2-3-28所示。至此,所有元件的自动标识全部完成。

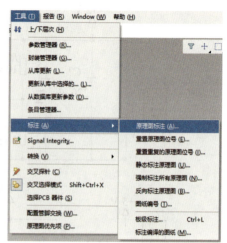

图 2-3-24 【标注】菜单

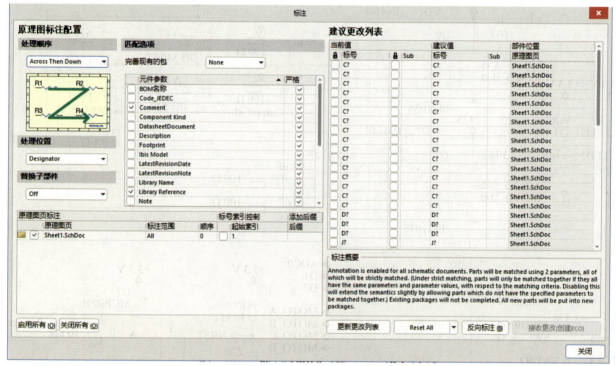

图 2-3-25 自动标识原理图

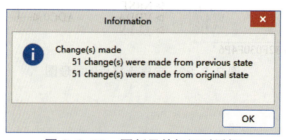

图 2-3-26 更新元件标识对话框

图 2-3-27 【工程变更指令】对话框

图 2-3-28 修改成功

2. 元件参数修改

参照项目 1 任务 1 介绍的方法进行修改。

3. 元件属性的批量修改

将接口插件名称的 P？批量改成 J？，然后手动标识序号，接口电路图如图 2-3-29 所示。

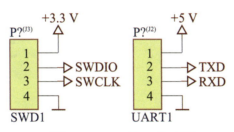

图 2-3-29 接口电路图

4. 查找相似对象

选中要修改的一个元件右击，在弹出的快捷菜单中选择【查找相似对象】选项，弹出【查找相似对象】对话框。因为它们的封装一样，所以在对话框中的【Current Footprint】列表中选中【Same】，最后单击【确定】按钮，如图 2-3-30 所示。

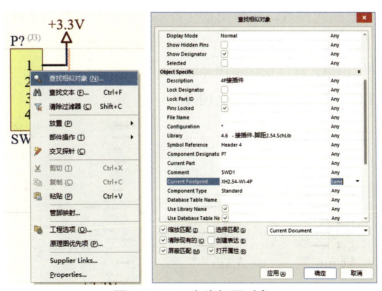

图 2-3-30 查找相似对象

5. 全选相似元件

单击【确定】按钮后，右侧会弹出【Properties】对话框，所有相同封装的元件都显示出来（不同封装的其他元件显示灰色），按〈Ctrl+A〉键，选中需要批量修改的元件，如图 2-3-31 所示。注意：不要忘记批量修改原理图的元件属性步骤，否则后面批量修改不会成功。PCB 元件属性批量修改不需要该步骤。

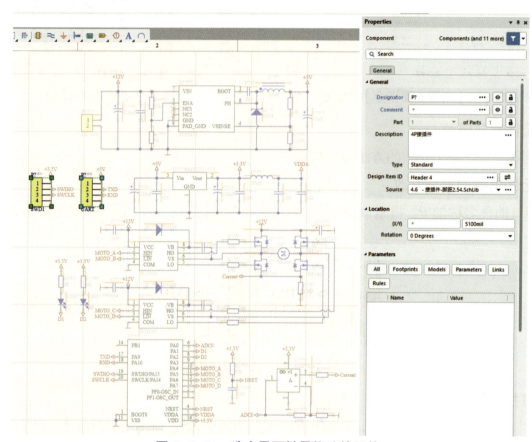

图 2-3-31　选中需要批量修改的元件

6. 属性批量修改

选中需要批量修改的元件后，在弹出的【Properties】对话框的【Designator】文本框中，将 P? 改为 J?，然后按〈Enter〉键，所选元件标识同时被更改了，结果如图 2-3-32 所示。修改后再通过自动元件标识把元件标识标上序号。

元件其他属性的批量修改也可以采用上述方法。

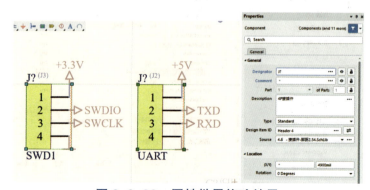

图 2-3-32　属性批量修改结果

7. 元件标识并修改好原理图

元件标识并修改好的原理图如图2-3-33所示。

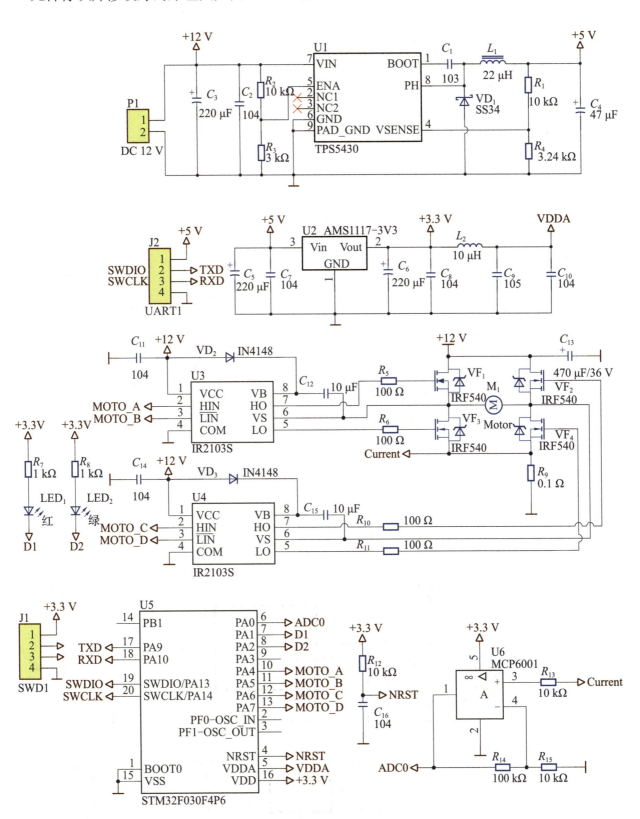

图 2-3-33　元件标识并修改好的原理图

至此，单张原理图绘制基本完成。

十、放置指示符

Altium Designer 为用户提供了一系列操作指示符的方法。指示符本身不具备电气意义，也不会对电路的电气功能产生影响，但是它却为电路的设计提供了附加功能，方便用户的设计过程。单击【放置】→【指示】可以弹出所有指示符命令，下面介绍一些常用的指示符功能。

1. 放置忽略电路规则检查（No ERC）

电路规则检查（Electrical Rule Check，ERC）是电路设计完成后必不可少的步骤。ERC 可以帮助设计者找出电路中常见的连接错误。但是有时设计者并不需要对所有的元件或连接器进行 ERC，这时只要在不需要进行 ERC 的元件引脚上放置 No ERC 指示符就能避开检查。如图 2-3-34 所示，由于 MC74HC137N 芯片的输入引脚没有信号输入，从而导致系统编译报错，因此可以通过放置 No ERC 指示符来避免这种错误。单击【放置】→【指示】→【Generic No ERC】，将光标上附着的红色"×"标记放置在报错的引脚上，再次编译，系统就不会报错了。

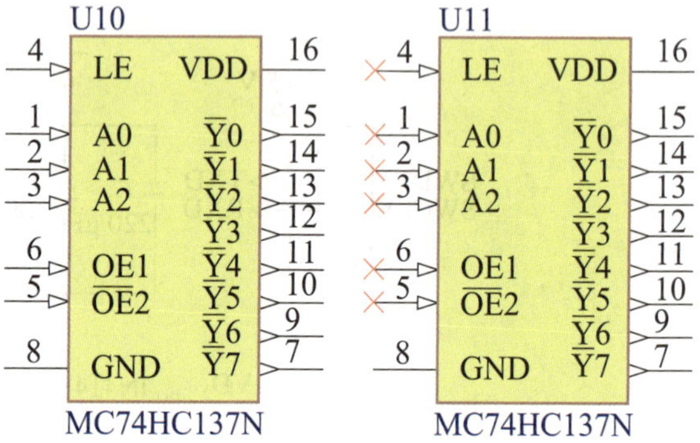

图 2-3-34 放置 No ERC 效果

2. 放置编译屏蔽

使用 No ERC 指示符可以对单个元件的引脚进行电路规则检查屏蔽，如果有大量不同元件的不同错误需要屏蔽检查，那么可以使用编译屏蔽工具，编译屏蔽工具用来对编译器指定不进行规则检查的区域。在图 2-3-35 所示电路中，用于单片机与上位机通信的端口或者是下载端口，如果有不用连接的，则可以使用编译屏蔽工具，具体方法是，单击【放置】→【指示】→【编译屏蔽】，此时光标上会附着一个矩形选框，拖动光标设置大小合适的屏蔽层，在屏蔽层内的所有错误都不再进行规则检查，后续导入 PCB 时此部分忽略，同时屏蔽层呈暗灰色显示。

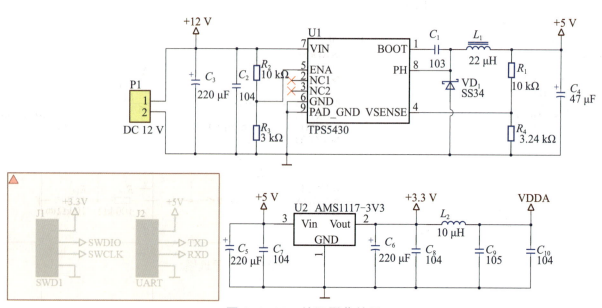

图 2-3-35 编译屏蔽效果

双击屏蔽层，可以在弹出的【Compile Mask】对话框中设置编译屏蔽的属性，如图 2-3-36 所示。例如，可以设置屏蔽层的填充颜色（默认为暗灰色）和边框颜色，以及通过设置对角点位置来修改屏蔽层的大小和位置。【Collapsed and Disabled】复选框用于取消编译屏蔽。选中后，屏蔽层会收叠呈小三角形状，同时屏蔽功能也失效。单击屏蔽层左上角的小三角形就能使屏蔽层消失，并取消编译屏蔽；再次单击则恢复编译屏蔽功能。

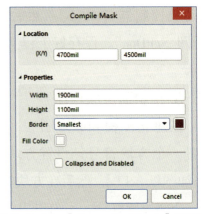

图 2-3-36 【Compile Mask】对话框

十一、层次原理图的绘制方法

将整个系统的电路绘制在一张原理图上的这种方式适用于规模小、逻辑结构比较简单的电路系统；而对于结构复杂、元件繁多的大规模集成电路系统而言，很难在一张原理图上完整绘出。一般采用层次原理图进行设计，即把电路进行模块化分解，让每个模块有简单、统一的接口，从而实现彼此的相连。每个模块称为子原理图。子原理图相互之间的连接关系采用顶层原理图实现。

多图纸设计工程是由逻辑块组成的多级结构，每个逻辑块可以是原理图或者 HDL 文件，多级结构的最顶端是主原理图——工程顶层图纸。

例如，Altium Designer 自带的例程 Bluetooth_Sentinel 就使用了层次电路设计，如图 2-3-37 所示。

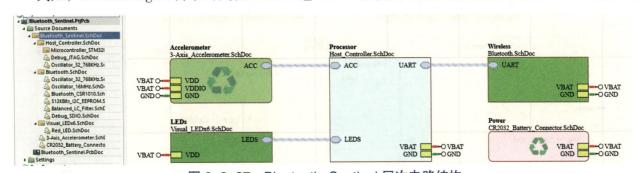

图 2-3-37 Bluetooth_Sentinel 层次电路结构

多图纸结构一般是通过图表符（Sheet Symbol）形成，一个图表符对应一张子原理图图纸；主原理图（父图纸）通过图表符与子原理图图纸进行连接，而子原理图图纸也可以通过图表符与更低级的子原理图图纸连接。

参考图 2-3-37 的电路，可以将直流电动机控制器电路进行层次原理图设计。

1. 层次原理图设计

采用该方法要求对电路设计有整体把握，将电路合理分解成多个模块，确定每个模块的设计内容，然后对每个模块进行详细设计。

2. 建立工程和原理图

单击【文件】→【新的】→【工程】，在弹出的对话框中新建工程并命名为"层次直流

电动机控制器 .PrjPcb"。然后在工程中添加原理图并命名为"母图 .SchDoc"。保存好工程文件和原理图文件,如图 2-3-38 所示。

图 2-3-38　建立工程和原理图

3. 绘制顶层原理图

在建立工程和原理图后,单击【放置】→【图纸符号】,放置一个方块符号,设置方块符号的属性;单击【放置】→【添加图纸入口】,然后在方块符号内部的指定位置单击放置入口;全部放置好后,右击退出放置状态,如图 2-3-39 所示。

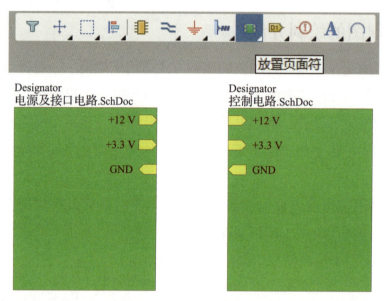

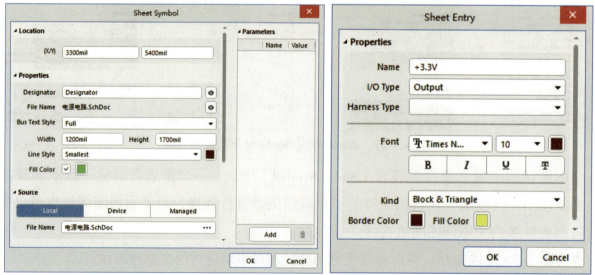

图 2-3-39　绘制顶层原理图

4. 产生子原理图图纸

单击【设计】→【产生图纸】,光标变成十字形状,移动光标到方块符号内部空白处;单击自动生成一个与该方块符号同名的子原理图文件,里面有相关的输入/输出端口。在子原理图的界面绘制模块电路。

5. 配置线束

Altium Designer 的线束功能较为强大，在层次电路图中使用线束能让原理图变得非常简洁明了。线束的作用是将网络标号、总线，甚至其他线束打包在一起，类似计算机机箱中捆扎的线缆。操作方法是，在需要配置线束的位置单击【放置】→【线束】→【线束连接器】，放置线束连接器，使用【线束入口】将端口编号并连接，最后使用【信号线束】将其束起，并设置线束名称。配置线束操作步骤如图 2-3-40 所示。

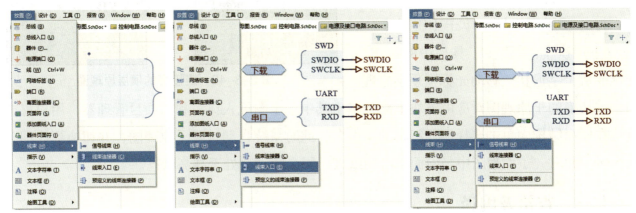

图 2-3-40 配置线束操作步骤

绘制好的子原理图如图 2-3-41 所示。

连接顶层原理图：将顶层原理图的端口进行连接和设置，将【控制】和【显示】端口的线束类型分别设置为 Harness1 和 Harness2（与子原理图中的线束类型相同）。连接好的顶层原理图如图 2-3-42 所示。

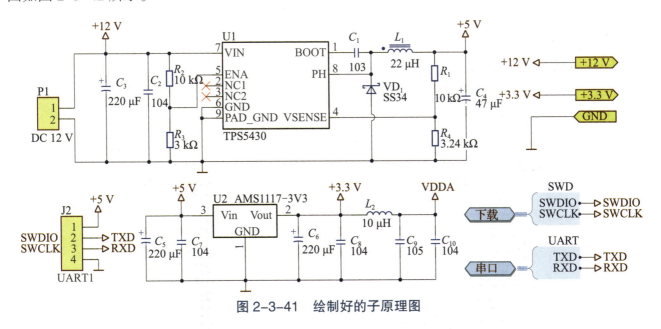

图 2-3-41 绘制好的子原理图

十二、层次原理图之间的切换

1. 使用【Projects】面板切换

打开【Projects】面板，单击相应的原理图文件名，在原理图编辑区显示对应的原理图。

2. 使用命令方式切换

打开顶层原理图，单击【工具】→【上/下层次】。单击主工具栏中的按钮，光标变成十字形状，移动光标至顶层原理

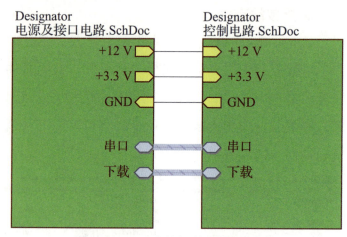

图 2-3-42 连接好的顶层原理图

图中欲切换的子原理图对应的方块电路，单击其中一个图纸入口。利用项目管理器，用户可以直接在层次结构中单击选择所要编辑的文件名，此时系统自动打开子原理图，并切换到原理图编辑区。此时，子原理图中与前面单击图纸入口同名的端口处于高亮状态。

十三、查错及编译

Altium Designer 内置电气检测原则，可以对原理图的电气连接特性进行自动检查。检查出的错误信息将在【Messages】工作面板中列出，同时也会在原理图中标注出来。用户可以设置电气检测原则。Altium Designer 只能检测基本的电气连接错误，对于原理图整体问题不一定能检测出来，所以若检测后的【Messages】工作面板中并无错误信息出现，则并不代表该原理图的设计完全正确，还需要将网络表中的内容与设计要求反复对照和修改，直到完全正确为止。

1. 原理图的自动检测设置

（1）错误报告（Error Reporting）

从图 2-3-43 所示的【Error Reporting】选项卡中可以看出，系统通常会列出一系列错误信息，并提示错误的级别，如果错误信息不是关键问题，则可以更改报告的等级。

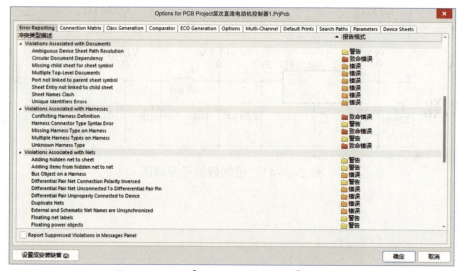

图 2-3-43 【Error Reporting】选项卡

（2）连接矩阵（Connection Matrix）

图 2-3-44 所示的【Connection Matrix】选项卡中的矩阵提供了在元件引脚和网络标识之间建立规则连通性的机制，定义了错误信息的逻辑和电气条件。

例如，一个输入引脚连接到另一个输入引脚通常不会被认为是错误的（Error），但会提出警告（Warning）；输入引脚连接到输出引脚则肯定不是错误的（NoReport）。这些信息都反映在矩阵中。单击矩阵上相应的小方块，可以改变规则。多次单击可以在选项范围内循环选择。

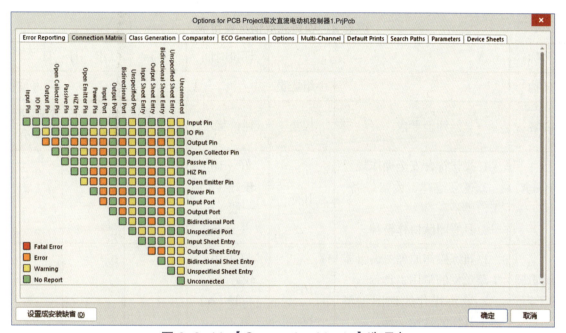

图 2-3-44 【Connection Matrix】选项卡

2. 原理图的编译

对原理图各种电气错误等级设置完毕后，用户便可以对原理图进行编译操作。单击【工程】→【validate PCB Project】可以进行文件的编译。文件编译后，系统的自动检测结果将出现在【Messages】面板中，启动【Messages】面板的方法有以下 3 种。

①单击【视图】→【面板】→【Messages】。

②选中工作窗口右下角的【Panels】标签，然后单击【Messages】菜单项。

3. 原理图的修正

若原理图编译无误，则【Messages】面板将清空。如果出现等级为 Error 或 Fatal Error 的错误，则【Messages】面板将自动弹出。当错误等级为 Warning 时，用户可以手动打开【Messages】面板对错误进行修改。

通过本任务的学习，对原理图编辑器界面有了整体的认识，懂得了以下 4 点：

① 绘制原理图的方法；

② 绘制层次原理图的方法；

③ 元件标识与参数修改；

④ 原理图查错及编译。

项目评价

项目完成情况评价表如综表 2 所示。

综表 2　项目完成情况评价表

项目名称			评价时间	年　月　日			
小组名称			小组成员				
评价内容	评价要求	权重	评价标准	学生自评得分	小组评价得分	教师评价得分	合计
职业与安全意识	1. 操作符合安全操作规程 2. 遵守纪律、爱惜设备、工位整洁 3. 具有团队协作精神	10%	好（10） 较好（8） 一般（6） 差（<6）				
原理图编辑器界面的学习	1. 熟练操作原理图编辑器主菜单栏的常用工具 2. 熟练操作原理图编辑器工具栏的常用工具	10%	好（10） 较好（8） 一般（6） 差（<6）				
直流电动机控制器有关原理图符号的查找、放置	1. 在原理图编辑器界面中熟练操作常用工具 2. 能熟练查找到所用的元件并放置到合适的位置	15%	好（15） 较好（12） 一般（9） 差（<9）				
直流电动机控制器原理图的绘制	1. 原理图元件位置的调整 2. 正确绘制出原理图	60%	好（60） 较好（48） 一般（36） 差（<36）				
问题与思考	层次原理图的绘制技巧	5%	好（5） 较好（4） 一般（3） 差（<3）				
教师签名			学生签名			总分	
项目评价 = 学生自评（0.2）+ 小组评价（0.3）+ 教师评价（0.5）							

项目 3

室内家居环境 PCB 的设计与制作

项目布置

1. 熟悉 PCB 编辑器的界面。学会新建 PCB 文件，熟悉主菜单栏、主工具栏、PCB 编辑器工作区导航的应用。

2. PCB 设计的准备工作：学会 PCB 设置（层叠、板外框等），学会放置尺寸标注。

3. 同步原理图，设置 PCB 规则。熟悉规则设置，熟悉原理图与 PCB 的设计同步、栅格系统和捕捉系统。

4. 学会 PCB 布局，学会查找元件，学会原理图与 PCB 交互布局、3D 的 PCB 布局。

5. 学会 PCB 的布线，学会 PCB 的手工布线、自动布线；学会铺铜管理、布线过程中改变线宽、元件标号重排与同步。

6. PCB 的包地、铺铜等后续处理。

项目分析

PCB 的设计效果决定了整个工程设计的成败。制板商是根据用户所设计的 PCB 图来进行电路板的生产，即便原理图设计得足够完美，如果 PCB 设计得不合理，那么电路性能就会大打折扣，严重时甚至不能正常工作。在设计工作中，要因事制宜，坚持从实际出发，例如要考虑到实际中的散热和干扰等问题。将工程实践经验吸收到设计工作中，主动用实践检验理论知识，锻炼理论联系实践的思维方式，敢于打破常规，探寻解决问题的新路径，同时注意满足电路功能上的需要，在细节上注意 PCB 设计的规范性，正确设置 PCB 规则。

本项目主要介绍 PCB 设计环境、PCB 编辑器的特点以及 PCB 设计流程等知识，使读者对 PCB 的设计有一个全面的了解。

利用 Altium Designer 来设计 PCB 时，如果需要设计的 PCB 比较简单，则可以不参照 PCB 设计流程，直接进行设计，然后手动连接相应的导线来完成设计。但对于复杂设计的 PCB，可按照设计流程进行设计。一般 PCB 制作流程如图 3-0-1 所示。

图 3-0-1　一般 PCB 制作流程

项目流程

项目流程如图 3-0-2 所示。

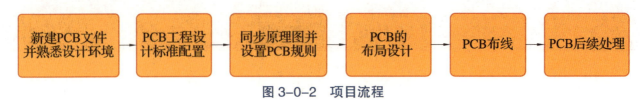

图 3-0-2　项目流程

任务 1　新建 PCB 文件并熟悉 PCB 设计环境

在完成产品的原理图设计，进行了电气连接 ERC 检查，并生成了相关的网络表、元件报表的基础上，就可以进入 Altium Designer 的 PCB 设计环境进行 PCB 的设计。

任务内容

1. 新建 PCB 文件。
2. 熟悉 PCB 设计环境。

任务完成

一、新建 PCB 文件

Altium Designer 的 PCB 设计环境与前期的版本相比，并没有太多质的变化。新建一个 PCB 文件的方法有多种，可以通过执行相关命令自行创建，或者使用系统提供的新建 PCB 向导来创建。

1. 使用菜单命令创建新的 PCB 文件

启动 Altium Designer，在集成设计环境中依次单击【文件】→【新的】→【PCB】，操作过程如图 3-1-1 所示。

根据操作步骤，在当前工程中新建一个扩展名为 .PcbDoc 的 PCB 文件，同时启动 PCB 编辑器，进入 PCB 设计环境中，其界面如图 3-1-2 所示。

图 3-1-1 新建 PCB 文件

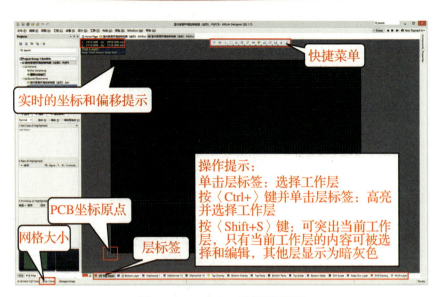

图 3-1-2 PCB 编辑器界面

2. 使用模板创建 PCB 工程

通过【文件】菜单可创建带有 PCB 设计模板的 PCB 工程，与使用菜单命令创建的 PCB 文件有所不同。单击【文件】菜单，选择【新的】选项，在子菜单中可以看到有【项目】和【原理图】等选项，选择【项目】选项，系统将弹出【Create Project】对话框，如图 3-1-3 所示。

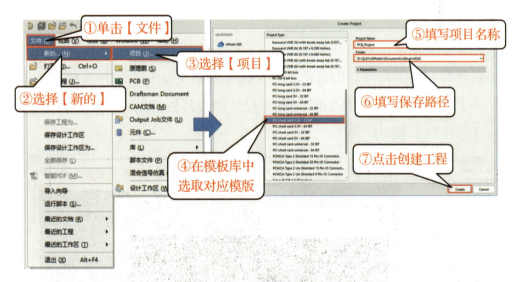

图 3-1-3 从模板新建文件

本任务目标是创建一个标准的 3.3 V 供电、32 位数据长度的 PCI 总线的板卡 PCB 工程。根据图 3-1-3 中以数字标示的操作步骤，使用模板创建 PCB 工程，打开【Create Project】对话框。

在图 3-1-4 所示的常用的工业 PCB 模板库中，根据任务目标，找到其中名为 PCI short card 3.3V-32BIT 的模板，选中模板，再单击【Create】按钮创建 PCB 文件。

图 3-1-4　常用的工业 PCB 模板库

执行上述操作后，系统将为用户生成一个默认名为 PCB_Project.PrjPcb 的 PCB 工程文件，如图 3-1-5 所示。

在左侧【Projects】面板中双击新建的 PCB 文件即 PCI short card 3.3V-32BIT.PCB，系统自动进入 PCB 设计环境，在编辑窗口内显示了一个标准的 PCI 板卡外形 PCB 板图（见图 3-1-5）。单击【文件】→【另存为】，可以根据需要将工程另存为其他名字，使工程名符合设计者的设计习惯，之后可进行 PCB 设计。

图 3-1-5　通过模版新建的 PCB 文件

二、熟悉 PCB 设计环境

如前所述，在创建了一个新的 PCB 文件，或者打开一个现有的 PCB 文件之后，就能启动 Altium Designer 的 PCB 编辑器，PCB 设计环境如图 3-1-6 所示，其主要组成部分有下述 6 项。

菜单栏
过滤器工具栏
标准工具栏
应用工具栏
布线工具栏
编辑窗口
板层标签
状态栏

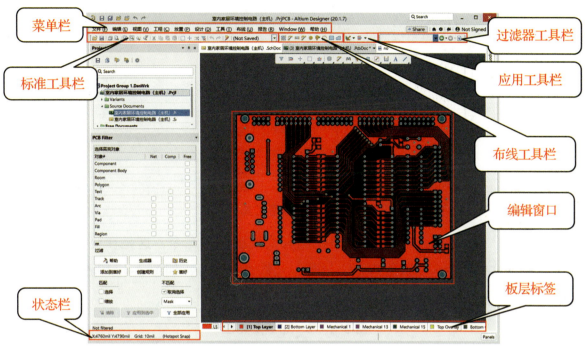

图 3-1-6　PCB 设计环境

1. 菜单栏

像所有的 EDA 设计软件一样，Altium Designer 的菜单栏包含了各种基本的 PCB 操作命令，如图 3-1-7 所示，可为用户提供设计环境个性化设置、PCB 设计、帮助等功能。

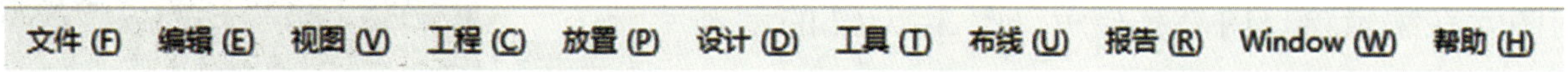

文件 (F)　编辑 (E)　视图 (V)　工程 (C)　放置 (P)　设计 (D)　工具 (T)　布线 (U)　报告 (R)　Window (W)　帮助 (H)

图 3-1-7　PCB 菜单栏

2. 工具栏

工具栏是为方便用户操作，提高 PCB 设计速度而专门设计的快捷图标按钮组。在 PCB 设计环境中系统默认的工具栏有 5 组，其中在 PCB 设计中常用的工具栏有以下 3 组。

标准工具栏：在这个工具栏中为用户提供了一些基本操作命令，如文件打开、保存、打印、缩放、快速定位、浏览元件等，如图 3-1-8 所示。

(Not Saved)

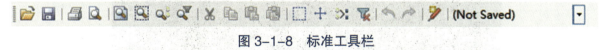

图 3-1-8　标准工具栏

应用工具栏：该工具栏中每个按钮都另有下拉工具栏或菜单栏，分别提供了不同类型的绘图和实用操作，如放置走线、放置原点、放置 Room 等，用户可直接单击相关的图标按钮进行 PCB 设计工作，如图 3-1-9 所示。

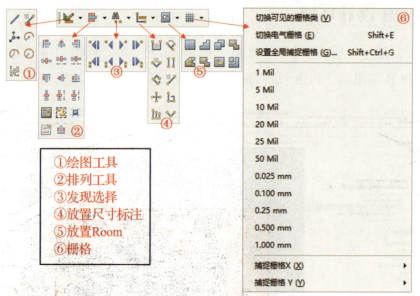

图 3-1-9 应用工具栏

布线工具栏:提供了在 PCB 设计中常用图元的快捷放置命令,这是在交互式布线时最常用到的工具栏。这些命令包括放置焊盘、过孔、元件、铺铜等,如图 3-1-10 所示。

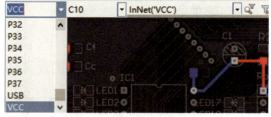

图 3-1-10 布线工具栏

3. 过滤器工具栏

过滤器工具栏:如图 3-1-11 所示,该工具栏根据用户正在设计的 PCB 中的网络标号、元件号等作为过滤参数,对全部 PCB 进行过滤显示,使符合条件的图元在编辑窗口内高亮显示。图 3-1-12 的示例中,就高亮显示了过滤出的 VCC 网络。

图 3-1-11 过滤器工具栏

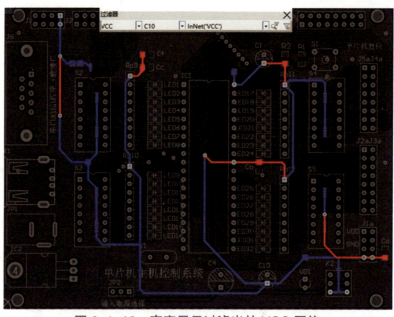

图 3-1-12 高亮显示过滤出的 VCC 网络

4. 编辑窗口

编辑窗口即进行 PCB 设计的工作平台，用于进行元件的布局和布线的有关操作。在编辑窗口中使用鼠标的左、右按键及滚轮可以灵活地查看、放大、拖动 PCB 图，方便用户编辑。

5. 板层标签

板层标签位于编辑窗口的下方，用于切换 PCB 当前显示的板层，所选中板层的颜色将显示在最前端，如图 3-1-13 所示。如果显示的是 Top Layer 层的红色，则表示此板层被激活，用户的操作均在当前板层进行。

用户可使用鼠标进行板层间的切换。当将光标移动到板层标签前端的 LS 处停留，可以看到系统提示单击 LS 可进行板层的管理，包括板层激活设置以及板层激活显示等。

图 3-1-13 板层标签

6. 状态栏

编辑窗口的最下方是状态栏，用于显示光标指向的坐标值、所指向元件的网络位置、所在板层和有关的参数以及编辑器当前的工作状态等，如图 3-1-14 所示。

图 3-1-14 状态栏

知识回顾

通过本任务的学习，熟悉了 Altium Designer 中 PCB 设计部分的基础知识，掌握以下 2 点：
① 新建 PCB 文件的方法；
② PCB 设计环境的主要组成部分。

任务 2　PCB 工程设计标准配置

熟悉了 PCB 编辑环境和特点之后，就可以进行 PCB 板图的具体设计了。

任务内容

1. 熟悉 PCB 设计界面的基本操作。
2. 设置元件属性。
3. 熟悉 PCB 板设置。
4. 熟悉板层（电气层）设定。

任务完成

一、PCB 设计界面的基本操作

新建并打开 PCB 文件后，进入编辑界面，在此界面中缩放、拖动图纸，与原理图中的操作一样。选择操作也与原理图中一样，但是因为 PCB 有多个工作层，如果在单击的位置上，有多个层的元素，则系统会弹出一个带有缩略图的列表选择对话框询问具体需要单击的元素，如图 3-2-1 所示。

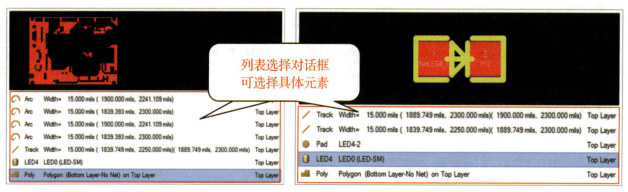

图 3-2-1　列表选择对话框

【查找相似对象】对话框的使用与在原理图中一样，可以批量更改元件属性，打开【Properties】对话框也可以更改元件属性，如图 3-2-2 所示。

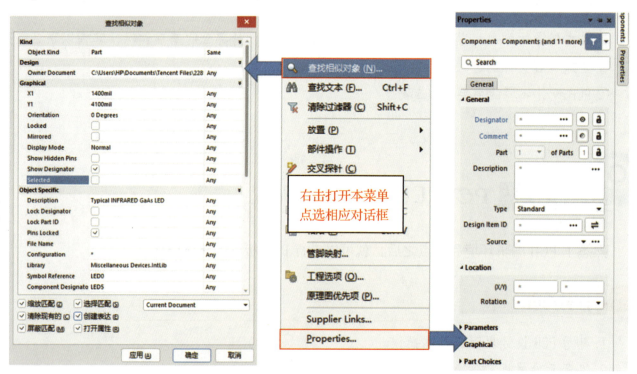

图 3-2-2　【查找相似对象】与【Properties】对话框

在 PCB 设计界面中拖动元件时，〈Space〉键和组合键〈Shift+Space〉与原理图中一样，可用于元件的旋转，但是〈X〉和〈Y〉键不可再用于元件镜像翻转，必须在元件属性中修改。

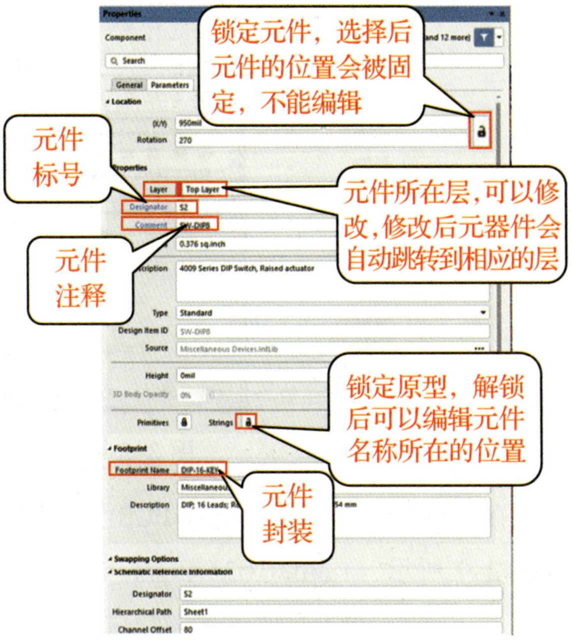

二、元件属性设置

双击元件，在图 3-2-3 所示的【Properties】对话框中，可编辑当前元件的属性，修改元件的标识与注释，也可使元件锁定或隐藏。若需要对元件进行镜像翻转，则翻转后的元件应当安装在 PCB 底层，此时只要将元件的层从【Top Layer】修改为【Bottom Layer】即可。

三、PCB 板设置

单击【设计】→【板层及颜色】，可打开【View Configuration】对话框，在此对话框中可以很方便地配置各层的颜色与参数信息，如图 3-2-4 所示。

切换到【视图选项】选项卡，在【透明度】选项组中可为各层进行透明度设置，如图 3-2-5 所示。

图 3-2-3 编辑元件属性

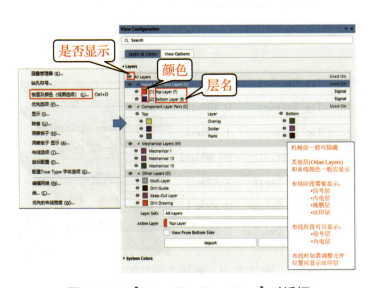

图 3-2-4 【View Configuration】对话框

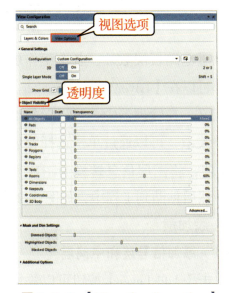

图 3-2-5 【View Configuration】标签中各层元素透明度设置

四、板层（电气层）设定

Altium Designer 中可以设计多层电路板，一般的简单电路只需用到顶层与底层（双层电路板），关于板层的设置可以在 Altium Designer 中【设计】→【层叠管理】选项中设置，如图 3-2-6 所示。

图 3-2-6 【Layer Stack Manager】对话框

在【Presets】菜单中选择 PCB 为几层电路板,一般使用双层电路板（Two Layer）即可,如图 3-2-7 所示,1 mil=0.025 4 mm。

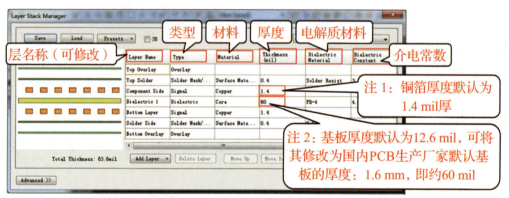

图 3-2-7 【层叠管理】菜单设置

除了电路板层数外,各个工作层的序号和顺序都可以在【Layer Stack Manager】对话框中进行定义。在管理器中,可以形象地看到 PCB 的层叠关系,可以通过单击选择管理器上方的 按钮,将图层信息转换为图片复制到剪贴板中,然后粘贴到工程中,如图 3-2-8 所示。

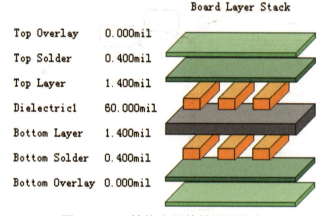

图 3-2-8 转换为图片的图层信息

1. 添加层

（1）添加信号层和中间层

单击【Add Layer】按钮可以添加信号层和中间层。新层将添加到选中层的下面（选中层是底层的情况除外）,也可以右击添加新层。通常 PCB 由偶数层构成,可由任何信号层和中间层混合而成。右击层的名称处可以进行重命名、设置厚度、为中间层定义网络名等操作。

（2）添加绝缘层

如果 PCB 增加新的层,那么绝缘层就会相应地自动添加。绝缘层可以是 Core 或 Prepreg,取决于 Stack Up style 中的设置。

2. 对工作层的一些操作

（1）属性设置

双击层的名称，可以修改层的属性，包括名称和物理属性。

（2）删除层

单击层的名称，按〈Delete〉键；或右击，在弹出的菜单中执行【Delete】命令。

（3）修改层的顺序

单击层的名称，然后单击下方的【Move Up】或【Move Down】按钮；或者右击，在弹出的菜单中执行【Move Layer Up】或【Move Layer Down】命令，就可以根据设计需要修改层的顺序。

（4）设置层叠参数

完成层叠顺序设置后，可根据实际情况设置 PCB 层的各项物理参数，从而完成导电层与绝缘材料层的配置，图 3-2-7 中，在材料框、电解质材料框的下拉列表框中可选择不同的导电介质或绝缘介质；在厚度框、介电常数框中可输入与实际相符的 PCB 各项参数，从而使软件在仿真时更加符合实际情况。

3. 设置钻孔属性

在【Layer Stack Manager】对话框中，单击【Drill】按钮，系统弹出【钻孔对管理器】对话框，可以对钻孔的起始层和终止层等参数进行设置。默认情况下，钻孔从顶层贯穿到底层。如果 PCB 中有盲孔或过孔，就需要对它们进行设置，如图 3-2-9 所示。

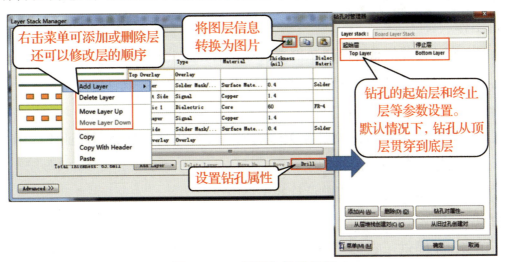

图 3-2-9　图层与钻孔设置

知识回顾

通过本任务的学习，在 PCB 设计前，熟悉各项属性参数的设置，掌握了以下 5 点：

① PCB 设计界面的基本操作；

② 元件的标号、注释等属性的设置；

③ PCB 的板层颜色等设置；

④板层（电气层）的设定；

⑤PCB各工作层的定义及作用。

同时，在知识链接（二维码）中对PCB工作层及其作用进行了介绍。

扫一扫
知识链接
PCB工作层及其作用

任务3　同步原理图并设置PCB规则

任务内容

1. 原理图信息同步。

2. 熟悉网络表的编辑。

3. 浏览及设置设计规则。

任务完成

一、原理图信息同步

1. 准备工作

要将原理图中的设计信息转换到PCB文件中，首先应完成如下3点准备工作。

①对工程中所绘制的电路原理图进行编译检查、验证设计，确保电气连接的正确性和元件封装的正确性。

②确认与电路原理图和PCB文件相关联的所有元件库均已加载，保证原理图文件中所指定的封装形式在可用库文件中都能找到并可以使用。

③新建的空白PCB文件应在当前设计的工程中。

2. 信息同步

Altium Designer提供了在原理图编辑环境和PCB编辑环境之间的双向信息同步能力，在原理图中单击【设计】→【Update PCB Document】，或者在PCB编辑器中单击【设计】→【Import Changes From】，均可完成原理图信息和PCB设计文件的同步。这两种方式的操作过程基本相同，都是通过启动工程变化订单（ECO）来完成的，可将原理图中的网络连接关系顺利同步到PCB设计环境中。

本任务以"室内家居环境控制电路"为例，介绍将原理图的有关信息同步到PCB设计环境中的方法步骤。

打开工程"室内家居环境控制电路（主机）.PrjPCB Structure"，并打开工程中的原理图文件"室内家居环境控制电路（主机）.SchDoc"，进入原理图编辑环境中，单击【设计】→【Update PCB Document 室内家居环境控制电路（主机）.PcbDoc】，进行信息同步，如图 3-3-1 所示。

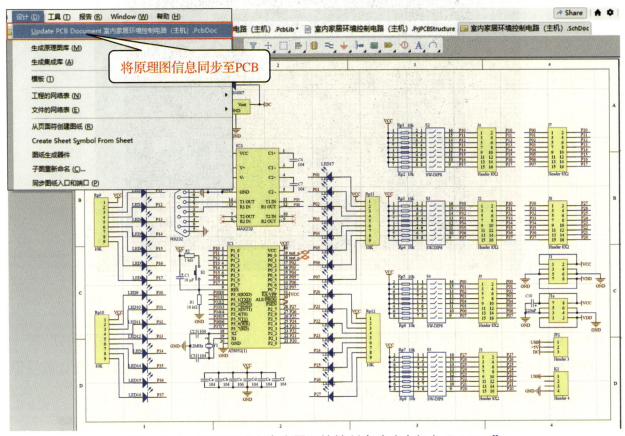

图 3-3-1　原理图"室内家居环境控制电路（主机）.SchDoc"

执行【工程】菜单中的【Validate PCB Project 室内家居环境控制电路（主机）.PrjPCB】命令，对原理图进行编译，如图 3-3-2 所示。编译后的结果在【Messages】对话框中有明确的信息提示，表明所绘制的原理图是否顺利通过电气检查。【Messages】对话框可通过单击软件界面右下角的【Panels】按钮打开。

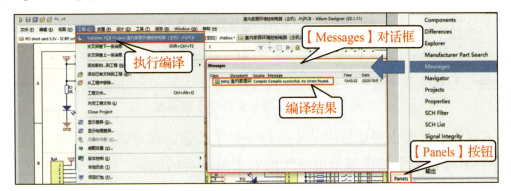

图 3-3-2　编译原理图

新建一个空白的双层 PCB 文件，保存在工程文件夹下。根据产品要求，设置该 PCB 板的尺寸大小为 4 700.00 mil × 3 500.00 mil，如图 3-3-3 所示。

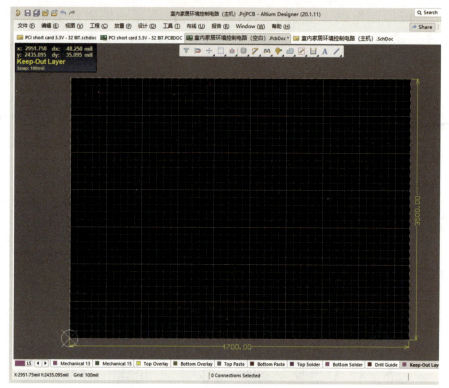

图 3-3-3 新建空白 PCB 文件

在原理图环境中，单击【设计】→【Update PCB Document 室内家居环境控制电路（主机）.PcbDoc】，系统打开【工程变更指令】对话框。该对话框内显示了参与 PCB 设计的受影响对象、网络、Room 等，以及受影响文档信息，如图 3-3-4 所示。

图 3-3-4 【工程变更指令】对话框

单击【工程变更指令】对话框中的【执行变更】按钮，在对话框右侧的【状态】选项组中，【检测】栏和【消息】栏内显示出受影响对象检查后的结果。检查无误的消息以绿色的"√"表示，检查出错的消息以红色"×"表示，并在【消息】栏中详细描述了检测不能通过的原因，如图 3-3-5 所示。

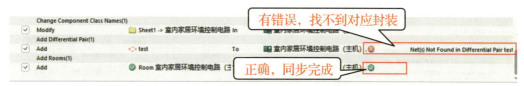

图 3-3-5　检查受影响对象结果

根据检查结果重新更改原理图中存在的缺陷，直到检查结果全部通过为止。单击【执行变更】按钮，将元件、网络表装载到 PCB 文件中，并将原理图信息同步到 PCB 设计文件中。

关闭【工程变更指令】对话框，系统跳转到 PCB 设计环境中。可以看到，装载的元件和网络表集中在一个名为"室内家居环境控制电路（主机）"的 Room 内，放置在 PCB 电气边界以外。装载的元件间的连接关系以预拉线的形式显示，这种连接关系就是元件网络表的一种具体体现，如图 3-3-6 所示。

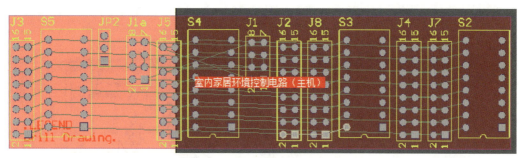

图 3-3-6　装入的元件和网络表

二、网络表的编辑

1. 为添加的元件建立网络连接

本项目中，我们将为在 PCB 文件中新添加的一个元件，即电容"C130"建立网络连接，如图 3-3-7 所示。单击【放置】→【器件】，在 PCB 文件中新增并放置一个电容，选中该元件，修改其元件号为 C130，显然在没有建立网络连接前，这个元件引脚上是没有预拉线的。

图 3-3-7　新添加的元件

单击【设计】→【网络表】→【编辑网络】命令，打开【网表管理器】对话框。

在【板中网络】选项组中，列出了当前 PCB 文件中所有的网络名称，选中其中的 VCC，此时右边的【聚焦网络中的 Pin 脚】选项组中列出了该网络内连接的所有元件引脚，如图 3-3-8 所示。

图 3-3-8 【网表管理器】对话框

单击【板中网络】选项组下方的【编辑】按钮，打开【编辑网络】对话框。在【其他网络内 Pin】选项组中选中 C130-1，单击【>】按钮，将引脚加入右侧的【该网络 Pin】选项组中，如图 3-3-9 所示。

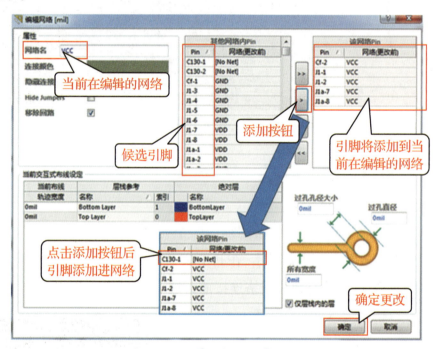

图 3-3-9 【编辑网络】对话框

单击【确定】按钮，关闭【编辑网络】对话框，返回【网表管理器】对话框，此时可以看到 C130 的 1 脚（C130-1）已加入网络 VCC 中。

用同样方法把 C130 的另一引脚（C130-2）配置为 GND，则此电容就接到网络中了。返回并关闭【网表管理器】对话框，在编辑窗口中，可以发现元件 C130 已经建立起了相应的网络连接，以预拉线的形式显示出来，如图 3-3-10 所示。

2. 网络表去掉特定网络的移除回路指令

在网络表中可以通过勾选【移除回路】复选

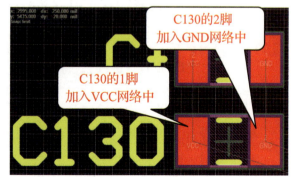

图 3-3-10 建立网络连接

框，设定当前回路中是否允许有回路。此方法对于电源网络较为有用。在电源网络中，特别是模拟电源网络中，为了减少电磁干扰会使用导线回路布设大面积导盘来连接元件。如图 3-3-11 所示。

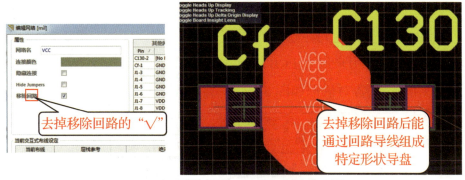

图 3-3-11　去掉 VCC 移除回路设置

三、设计规则的浏览及设置

完成了元件同步后，如果在进行 PCB 元件布局与布线前添加或优化设计规则，则能大大提高制作效率。

在 Altium Designer 中，设计规则通常用来定义用户的设计需求，涵盖了布线宽度、对象间距、内电层的连接风格、过孔风格等。设计规则不仅能在 PCB 设计的过程中实时检测，而且能够在需要的时候进行统一的批量检测并生成错误报告。

Altium Designer 的每条规则需针对具体的 PCB 对象，可按优先级区分其应用范围。例如：有的约束可以针对整块 PCB；有的则针对某个网络集，还有的则可约束另一个网络集。合理使用规则的优先级和作用范围，就能对 PCB 设计中的每个对象定义所需要的约束。

Altium Designer 中规则非常多，本书由于篇幅限制不能一一介绍，仅能根据本任务所使用的双层电路板需要使用的常用规则进行说明，如图 3-3-12 所示，其余规则可以通过查找 Altium 的帮助手册来了解。

- 安全间距设置
- 布线设置
- 元件布局安全间距设置
- 元件高度设置

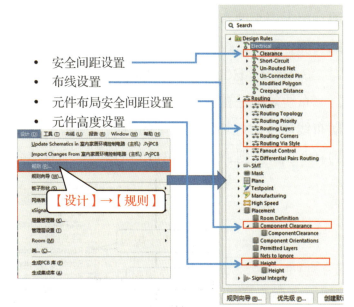

图 3-3-12　规则设置及约束菜单

1. 添加设计规则

依次单击【设计】→【规则】，系统弹出【PCB 规则及约束编辑器】对话框，显示所有设计规则。设置设计规则步骤如下。

①单击【Design Rules】前面的 ▲ 按钮展开规则目录树。

②根据需要，选择要设置的规则所在的目录，单击 ▶ 按钮展开子目录树。

③ 单击一个需要设置的规则，系统自动在右侧显示该规则的属性。

④ 右击一个规则大类可以添加该类的一个新规则。如图 3-3-13 所示。

图 3-3-13 新建规则

2. PCB【Clearance】安全间距子规则设置

PCB 安全间距规则主要用来设置 PCB 设计中的导线、焊盘、过孔及铺铜等导电对象之间的最小安全间隔，相应的设置对话框如图 3-3-14 所示。

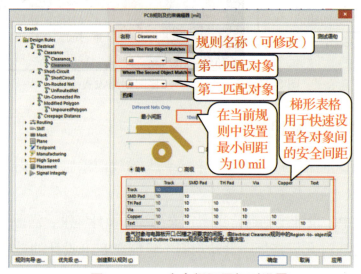

图 3-3-14 安全间距子规则设置

间隔是相对于两个对象而言的，因此在设置对话框中，有两个规则匹配对象的范围设置。每个规则匹配对象都有【所有的】【网络】【网络类】【层】【网络和层】【高级的（询问）】选项，根据要求的布局规则进行相应设置。Altium Designer 中新增了使用梯形表格设置安全间距的功能，能快速查看并设置最小间距，此功能设置起来非常直观。

3. PCB【Routing】布线规则设置

布线规则是在手动布线与自动布线时所依据的重要规则，其设置是否合理将直接影响到自动布线质量的好坏和布通率的高低。单击【Routing】前面的 ▲ 按钮，展开布线规则，可以看到有 8 项子规则，如图 3-3-15 所示。本书具体介绍前 6 项布线规则。

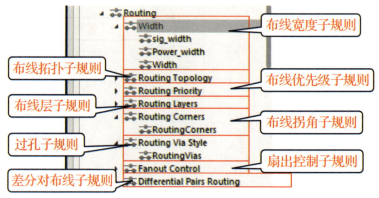

图 3-3-15 布线规则设置

4.【Width】(布线宽度) 子规则设置

在本规则中可根据不同的网络或网络类设置对应的线宽规则，默认为针对所有导线适用，如图 3-3-16 所示。Altium Designer 中不同层可设置不同线宽，配置时，图中所有约束线宽会变为 N/A。在设置规则时，需注意全局规则的优先级应设置为最低。

图 3-3-16 布线宽度子规则设置

5.【Routing Topology】(布线拓扑) 子规则设置

布线拓扑子规则主要用于设置自动布线时导线的拓扑网络逻辑，即同一网络内各节点间的走线方式。拓扑网络的设置有助于自动布线的通过率，设置拓扑方式如图 3-3-17 所示，系统提供了多种可选的拓扑逻辑。

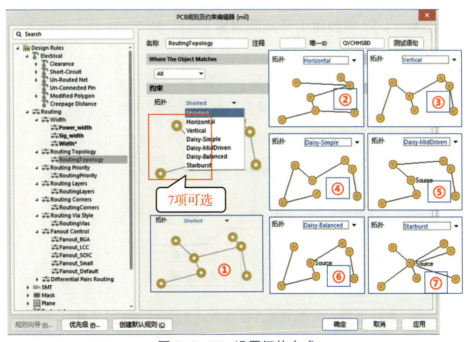

图 3-3-17 设置拓扑方式

设计者可根据 PCB 的复杂程度选择不同的拓扑类型进行自动布线，一般在双面板自动布线时，可设置顶层拓扑类型为 Horizontal（水平）规则，底层拓扑类型为 Vertical（垂直）规则，如图 3-3-18 所示。

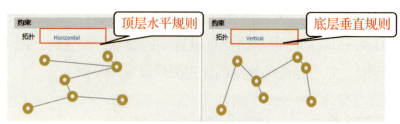

图 3-3-18 双面板走线规则设置

6.【Routing Priority】（布线优先级）子规则设置

布线优先级子规则主要用于设置 PCB 网络表中不同网络布线的先后顺序。设置完毕后，优先级别高的网络先进行布线，优先级别低的网络后进行布线，提高重要网络类优先级如图 3-3-19 所示。布线优先级设置的范围为 0~100，数值越大，优先级越高。一般会提升重要导线网络的优先级，从而使自动布线生成的该类重要导线不会太乱。

图 3-3-19 提高重要网络类优先级

7.【Routing Layers】（布线层）子规则设置

布线层子规则主要用于设置在自动布线过程中允许进行布线的工作层，一般用在多层板中，设置只允许在 Bottom Layer（底层）布线，如图 3-3-20 所示。若项目要求为单层板设计，则可通过仅勾选【Bottom Layer】复选框来设置只允许在底层布线。

图 3-3-20 设置只允许在 Bottom Layer（底层）布线

8.【Routing Corners】（布线拐角）子规则设置

布线的拐角可以有 45°拐角、90°拐角和圆形拐角 3 种，直接在【PCB 规则及约束编辑器】对话框中选择，如图 3-3-21 所示。

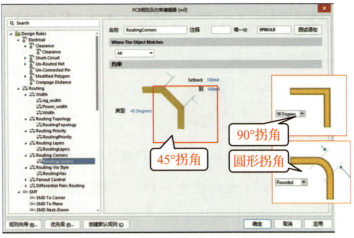

图 3-3-21　布线拐角的 3 种形式

9.【Routing Via Style】(过孔) 子规则设置

该规则用于设置布线中过孔的尺寸, 如图 3-3-22 所示。

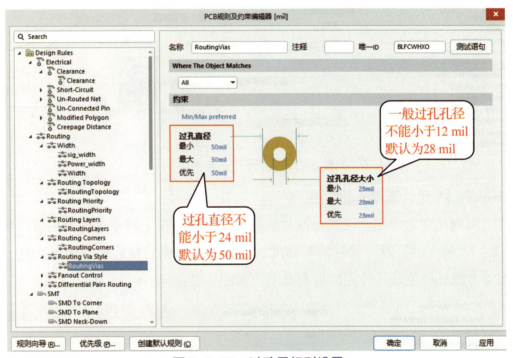

图 3-3-22　过孔子规则设置

可以调整的参数有过孔直径和过孔孔径, 包括最大值、最小值和优先值。设置时需注意过孔直径和过孔孔径的差值不宜过小, 否则将不宜于制板加工。一般 PCB 工厂能够加工的最小孔径为 0.3 mm (约为 12 mil), 外径为 0.6 mm (约为 24 mil)。同时 PCB 工厂会对插键孔 (Pad) 进行加大补偿 0.15 mm 左右, 以弥补生产过程中, 因孔内壁沉铜造成的孔径变小; 而对于导通孔 (Via) 则不进行补偿。所以在设计时插键孔与导通孔不能混用, 否则会因为补偿机制的不同而导致生产出来的 PCB 直插元件难于插进。某知名 PCB 生产商过孔设计要求如图 3-3-23 所示。

3、最小孔径0.3 mm，外径0.6 mm，保证单边焊环不得小于0.15 mm。我司会对于插键孔（Pad）进行加大补偿0.15 mm左右，以弥补生产过程中因孔内壁沉铜造成的孔径变小，而对于导通孔(Via)则不进行补偿，设计时Pad与Via不能混用，否则因为补偿机制不同而导致你元件难于插进，印制导线的宽度公差内控标准为±10%

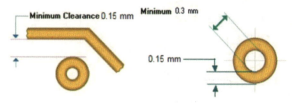

图 3-3-23　某知名 PCB 生产商过孔设计要求

10.【Component Clearance】（元件安全间距）子规则设置

元件安全间距规则在【Placement】规则目录下打开，主要用来设置自动布局时元件封装之间的最小间距，即元件与元件之间的安全间距。此规则不但适用于元件，还适用于文件中导入的三维浮动模型，如导入的 3D STEP 机械外壳或 PCB 罩，如图 3-3-24 所示。

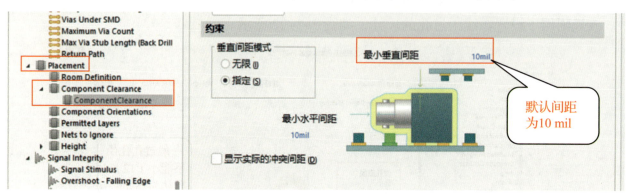

图 3-3-24　元件安全间距

11.【Height】（元件高度）限制规则

元件高度限制规则主要用于设置元件封装的高度范围。在【约束】区域内可以设置元件封装的"最小的""最大的"及"优先的"高度。PCB 制作完成后是需要安装外壳的，所以在设计过程中需要考虑元件能装入外壳的最大高度，如图 3-2-25 所示。

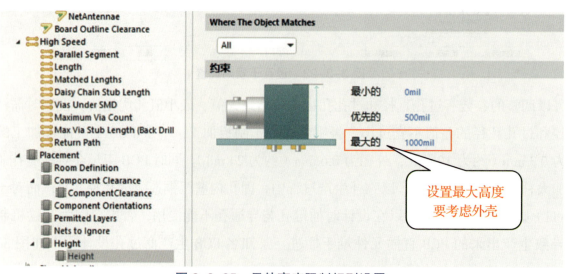

图 3-3-25　元件高度限制规则设置

 **知识回顾**

通过本任务的学习，熟悉原理图信息同步、网络管理和设计规则的设置，掌握了以下4点：

①将原理图信息同步至 PCB 文件；

②电气检查及修正变更；

③编辑网络、新增元件加入网络及移除指定网络的操作；

④设计规则的浏览及设置。

任务 4　PCB 的布局设计

 任务内容

1. 掌握元件自动布局。
2. 学习元件手动布局。
3. 三维效果显示。

 任务完成

一、元件自动布局

系统规则中，一个 Room 中的元件是必须放置在 Room 中的，所以在布局前可将所有 Room 拖动（连带 Room 中的元件）到 PCB 中。将 Room 的大小拖放到与 PCB 的板面大小一致或稍大一些。然后单击【工具】→【器件布局】→【按照 Room 排列】，即可将元件顺序排列在当前 Room 中。之后可在【View Configuration】对话框中，将 Room 设置为隐藏，如图 3-4-1 所示。

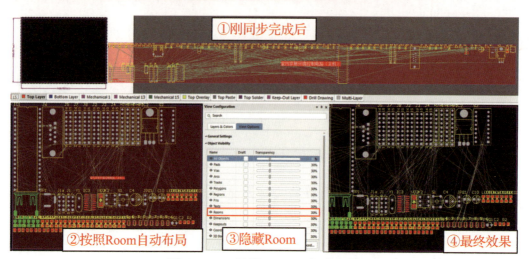

图 3-4-1　按照 Room 自动布局

如果觉得丝印层字符过大，可以使用【查找相似对象】（在对象上右击）对话框进行字符大小的批量修改，如图 3-4-2 所示。

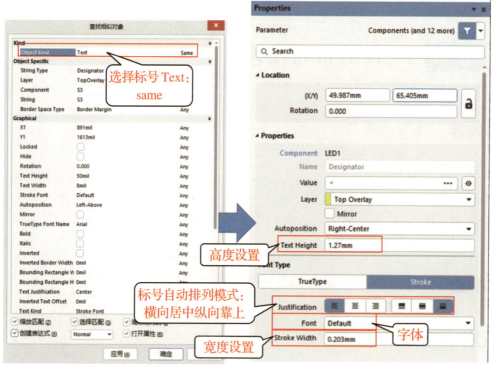

图 3-4-2　批量修改字符大小

二、元件手动布局

元件自动布局仅仅是以将元件封装放置到 PCB 上为目的，缺乏设计的合理性和美观性。为了制作出高质量的 PCB，在元件自动布局完成后，设计者有必要根据整个 PCB 的工作特性、工作环境以及某些特殊应用要求，进一步进行手工调整。例如，将处理小信号的元件远离大电流器件等易引起干扰的器件；将接口类的接插元件放置在 PCB 周围以方便插接等。

对上例中完成了排列后的元件进行手动布局。首先在 PCB 设计环境中，右击，在弹出的菜单中单击【选项】→【板层颜色】，在打开的【View Configuration】对话框中关闭没有使用或者不需要的工作层，或使用〈Shift+S〉快捷键选择只显示当前层。

根据电路结构，思考元件的大概布置，并粗略布局，单击需要移动的元件，将其拖拽到所需位置后松开。

元件手动布局时有以下 4 点注意事项：

①MCU 电源和串口可以放置在 PCB 左侧；

②单片机尽量放在 PCB 中间位置方便布线；

③100 nF 的电源去耦电容需要与芯片电源引脚尽量靠近，可以放置在电源引脚正下方的 Bottom 层；

④信号主要通过顶层布线，电源主要通过底层布线，注意模拟电路部分和数字电路部分布局分开。

元件布局完成后，继续将每个元件的器件标识符通过拖拽的方法放置在靠近元件的适当位置，方便阅读和查找。完成上述操作后，元件新的布局如图 3-4-3 所示。很显然，当前的 PCB 布局显得更加合理，而且清晰易读。

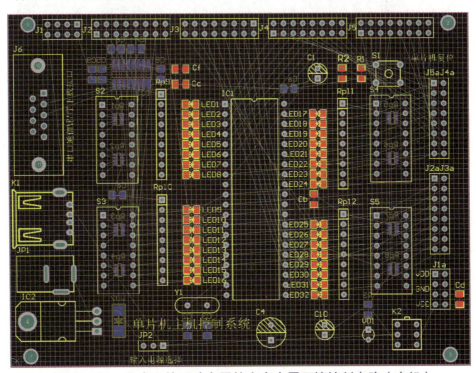

图 3-4-3　完成元件手动布局的室内家居环境控制电路（主机）

三、三维效果显示

在三维效果图中用户可以看到 PCB 的实际效果及全貌，并通过三维效果图来查看元件封装是否正确、元件之间的安装是否有干涉和是否合理等。总之，在三维效果图上用户可以看到将来的 PCB 的全貌，可以在设计阶段把一些错误改正，从而缩短设计周期并降低成本。因此，三维效果图是一个很好的元件布局分析工具，设计者在今后的工作中应当熟练掌握。

在 PCB 设计环境中，单击【察看】→【切换到三维显示】（或按快捷键〈3〉），PCB 编辑器内的工作窗口变为三维显示效果图,如图3-4-4所示。生成的三维显示效果图是以".PCB3D"为扩展名的同名文件。

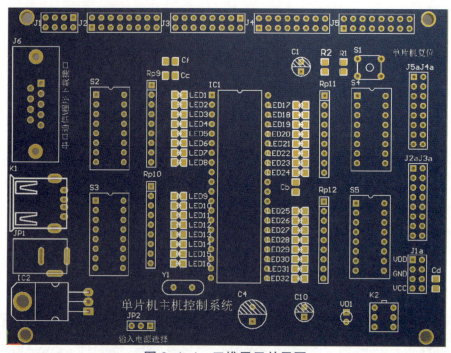

图3-4-4 三维显示效果图

 知识回顾

通过本任务的学习,熟悉了元件布局及PCB三维效果显示的相关知识,掌握了以下4点:
①调整Room区域,元件按照Room进行自动布局;
②元件手动布局的注意事项;
③元件手动布局的方法;
④PCB的三维效果显示。

同时,在知识链接(二维码)中,对电路布局的基本要求进行了介绍。

扫一扫
知识链接

元件布局的基本要求

 **PCB 布线**

 任务内容

1. 管理与设置飞线。
2. 熟悉电路手工布线。
3. 熟悉 PCB 自动布线。

任务完成

完成布局后方可进行布线工作。布线是在网络的节点与节点之间定义连接路径的过程，分手动布线与自动布线两种方式。自动布线和手动布线并不是独立的两种布线方式，从工程应用经验看，自动布线不能代替手动布线，但如果完全采用手动布线，则效率太低，所以要将两者配合起来使用。一般使用原则是电路板上重要的信号线采用手动布线，完成后锁定已有走线，再进行自动布线。这样的布线方法效率高、布线效果好。

一、管理与设置飞线

当元件被放置到 PCB 文件当中后，依照原理图设计中的连接情况，飞线会显示元件的某个焊盘连接到哪个网络，如图 3-4-3。当布线（在布线层用导线连接两个焊盘）完成后，两点间的飞线将不再显示。另外，如果飞线之间有更短的路径出现，那么将会显示更短的飞线。

在一个网络里的飞线的排列模式叫作拓扑，PCB 内全部网络的默认拓扑结构是最短规则（Shortest），如图 3-5-1 所示，可以通过设置布线拓扑设计规则来变更。在执行最短规则的情况下，当在 PCB 文件中移动元件时，元件周围的飞线可能从一个焊盘跳转到另一个焊盘，以保证飞线的长度尽可能短。

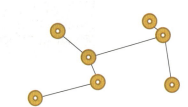

图 3-5-1 默认拓扑结构

可以通过编辑网络来改变飞线的颜色，单击【设计】→【网络表】→【编辑网络】，开启【网表管理器】对话框。以 VCC 网络为例，选中 VCC 网络，单击【编辑】按钮，在弹出的【编辑网络】对话框中【连接颜色】位置单击进入【选择颜色】对话框。本任务示例中选择 1 号基本色，并单击【确定】按钮进行更改，如图 3-5-2 所示。

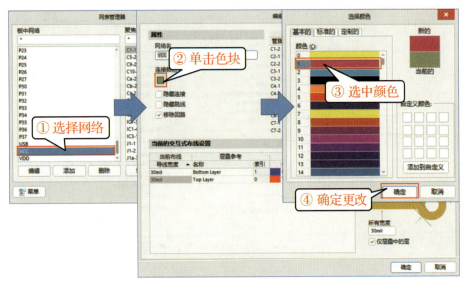

图 3-5-2 修改网络飞线颜色为红色（1号基本色）

返回 PCB 编辑器界面，可以看到，电路板中 VCC 网络的飞线立即变为红色，其效果如图 3-5-3 所示。

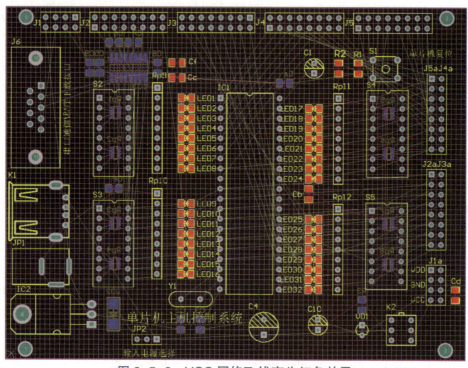

图 3-5-3　VCC 网络飞线变为红色效果

二、电路手工布线

在进行布线前可以先到系统中设置相关交互式布线参数，以加快布线进程。单击【工具】→【优先选项】，进入参数选择界面，执行【PCB Editor】菜单下的【Interactive Routing】命令，进入【PCB Editor-Interactive Routing】界面，如图 3-5-4 所示。

图 3-5-4　【PCB Editor-Interactive Routing】界面

手工布线有以下 4 种布线方式。

1. 交互式布线（快捷键〈P+T〉）

单击【布线】→【交互式布线】命令，或者单击交互式布线图标，再单击元件焊盘即可对其进行交互式布线（即常规布线）。需要说明的快捷操作是，在布线过程中，可按〈*〉键（切换层）或大键盘的〈2〉键（不切换层）添加一个过孔；按〈L〉键可以切换布线层；按大键盘的〈3〉键可在设定的最小线宽、典型线宽、最大线宽的 3 个值之间进行切换。

2. 交互式总线布线（快捷键〈P+M〉）

总线式布线可以对多条网络同时进行布线，其操作方式是，按住〈Shift〉键，然后依次将光标移到要布线的网络，单击即可选中一条网络。选中所需的所有网络以后，单击工具栏上的总线布线图标，在被选网络中单击即可开始多条网络的同时布线。布线过程中可以按〈<〉〈>〉调节线间距，如图 3-5-5 所示。

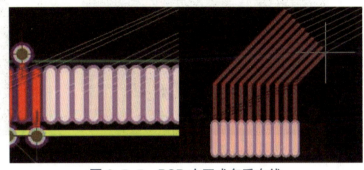

图 3-5-5　PCB 交互式多重布线

3. 交互式差分对布线（快捷键〈P+I〉）

差分网络是两条存在耦合的传输线，一条携带信号，另一条则携带它的互补信号。使用交互式差分对布线前要对设定差分对网络进行设置，这里建议使用在原理图中设置差分线。

在原理图中添加差分对规则是在命名差分对网络时进行的，必须保证网络名的前缀是一样的，后缀中用下划线分别带一个 N 和一个 P 字母即可。命名好之后单击【放置】→【指示】→【差分对】，在差分对上放置两个差分对图标。单击【设计】→【Update PCB Document Motor.PcbDoc】，在打开的对话框中重新同步一次修改规则，即可在 PCB 中进行差分对布线，如图 3-5-6 所示。

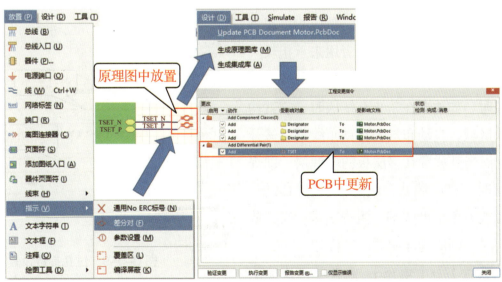

图 3-5-6　在原理图中添加差分对线

单击【工具】栏中的差分对布线图标，软件自动将网络高亮显示。在差分对网络上单击【开始布线】按钮，布线过程中同样可以添加过孔、换层等操作，如图3-5-7所示。

4. 蛇形布线

单击PCB设计界面中的【布线】→【交互式布线】，进入交互式布线模式，在布线过程中按〈Shift+A〉键即可切换到蛇形布线模式，按数字〈1〉〈2〉键可调整蛇形线倒角，按〈3〉〈4〉键可调节间距，按〈<〉〈>〉键可调节蛇形线幅度，其效果如图3-5-8所示。

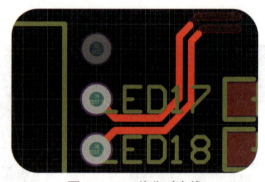

图3-5-7　差分对布线

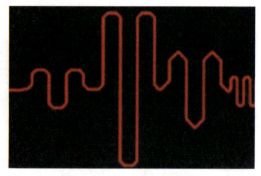

图3-5-8　蛇形线效果

5. 放置过孔

单击【放置】→【过孔】，或者单击快捷工具栏中的图标，此时光标变成十字形状，并带有一个过孔，移动光标到合适位置处，单击即可完成放置。

双击所放置的过孔，或者在放置过程中按〈Tab〉键，可以打开图3-5-9所示的过孔参数设置对话框。过孔的放置以及属性的设置与焊盘基本相同，需要注意的是，过孔的孔径宜小不宜大，但过小的孔径也会增加PCB的制板难度。

6. 放置矩形填充

矩形填充是一个可以放置在任何层面的矩形实心区域。当其放置在信号层时，就成为一块矩形的铺铜区域，可作为屏蔽层或者用来承担较大的电流，以提高PCB的抗干扰能力；当其放置在非信号层时，如放置在禁止布线层时，它就构成一个禁入区域，自动布局和自动布线都将避开这个区域；而当其放置在多层板的电源层、助焊层、阻焊层时，该区域就会成为一个空白区域，即不铺电源或者不加助焊剂、阻焊剂等；当其放置在丝印层时，则成为印刷的图形标记。

单击【放置】→【填充】，或者单击快捷工

图3-5-9　过孔参数设置

具栏中的 ▇ 图标，此时光标变成十字形状，进入放置状态。移动光标，在 PCB 中单击确定矩形填充的起始顶点，拖动光标，调整矩形填充的尺寸大小，如图 3-5-10 所示。单击，确定矩形填充的对角顶点。此时拖动小方块或小十字，可以调整矩形填充的大小、位置、旋转角度等。

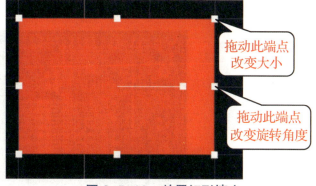

图 3-5-10　放置矩形填充

三、PCB 自动布线

对于一些不重要的导线，可使用 Altium Designer 软件进行自动布线。但自动布线前需要把原先手工布好的导线进行锁定。这样自动布线就不会修改原先布好的导线了。

可使用以下 5 种方式进行自动布线。

① 全部——所有线路全部自动布线。

② 网络 / 网络类——按照网络或网络类自动布线。

③ 连接——按照选择的连接自动布线。

④ 区域——按照选择区域自动布线。

⑤ Room——按照 Room 自动布线。

当前选择按 Room 自动布线，由于本任务中 Room 与 PCB 一样大，所以该选项即为对所有线路进行自动布线。其操作步骤是单击【自动布线】→【Room】，单击电源 Room，Altium Designer 会在电源 Room 中自动布线，其效果如图 3-5-11 所示。其布线通过率与测试次数等信息会显示在【Messages】对话框中。

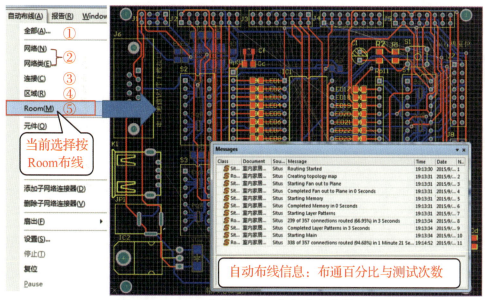

图 3-5-11　在当前 Room 中自动布线效果

自动布线完成后,再经过手工调整,最后完成本项目电路布线,如图 3-5-12 所示。

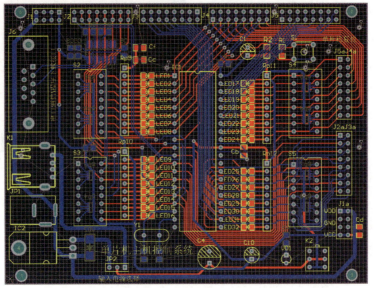

图 3-5-12　室内家居环境控制电路(主机)布线

知识回顾

通过本任务的学习,熟悉 PCB 布线的相关知识,掌握了以下 4 点:
① 管理飞线;
② 电路手工布线中交互式布线参数的设置;
③ 电路手工布线的多种方式及相关操作;
④ 电路板自动布线的方法。

任务 6　PCB 后续处理

任务内容

1. 熟悉 PCB 补泪滴。
2. 熟悉包地处理。
3. 学习放置铺铜。
4. 学习放置文字。
5. 熟悉尺寸标注。

项目3 室内家居环境PCB的设计与制作 93

一、补泪滴

泪滴命令用来在焊盘上增加或删除泪滴,未添加泪滴与添加泪滴比较如图3-6-1所示。补泪滴是为了让焊盘更坚固,防止在承受机械外力时,PCB上导线与焊盘或者导线与过孔的接触点断开。

如果要进行补泪滴操作,则可以依次单击【工具】→【泪滴】,在打开的【泪滴】对话框中进行有关的设置,如图3-6-2所示。执行对象可以是全部对象,也可以仅选择全部PAD或VIA或SMT焊盘,进行增加/删除泪滴操作。

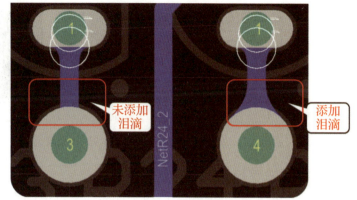

图3-6-1 未添加泪滴与添加泪滴比较

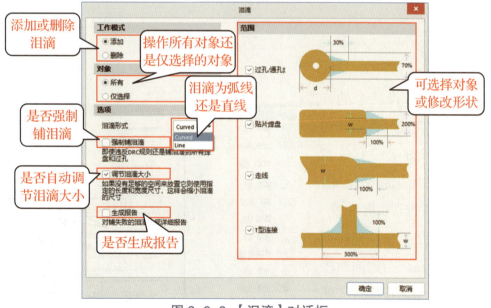

图3-6-2 【泪滴】对话框

> **小提示:** 补泪滴操作一般应放在铺铜之前,不然需要重新铺铜。

二、包地处理

PCB设计中抗干扰的措施还可以采取包地的办法,即用接地的导线将某一网络包住,采用接地屏蔽的办法来抵抗外界干扰。网络包地的操作步骤如下。

1.选择需要包地的网络或者导线

在主菜单中单击【编辑】→【选中】→【网络】(或按快捷键〈E+S+N〉),此时光标将变成十字形状，移动光标到要进行包地的网络处单击，选中该网络。如果元件没有定义网络，则可以在主菜单中单击【选中】→【连接的铜皮】，选中要包地的导线。

2. 放置包地导线

在主菜单中单击【工具】→【描画选择对象的外形】（或按快捷键〈T+J〉），系统自动对已经选中的网络或导线进行包地操作。包地前、后比较如图 3-6-3 所示。选中连接的铜皮，将其网络改为 GND，此时包地效果完成。

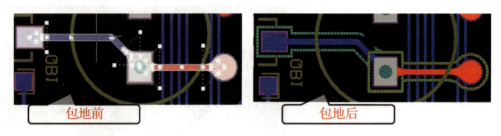

图 3-6-3　包地前、后比较

3. 对包地导线的删除

如果不再需要包地的导线，则可以在主菜单中单击【编辑】→【选中】→【连接的铜皮】，此时光标将变成十字形状，移动光标，选中要删除的包地导线，按〈Delete〉键即可删除不需要的包地导线。

三、放置铺铜

铺铜的放置是 PCB 设计中的一项重要操作，一般在完成元件布局和布线之后进行。把 PCB 上没有放置元件和导线的地方都用铜膜来填充，以增强 PCB 工作时的抗干扰性能。铺铜只能放置在信号层，可以连接到网络，也可以独立存在。与前面所放置的各种图元不同，铺铜在放置之前需要对即将进行的铺铜进行相关属性的设置。

单击【放置】→【铺铜】，或者单击布线工具栏中的【铺铜】，系统弹出【Properties】对话框，如图 3-6-4 所示。

本项目中选择底层与顶层的实心铺铜，铺铜连接到 GND，选择铺铜

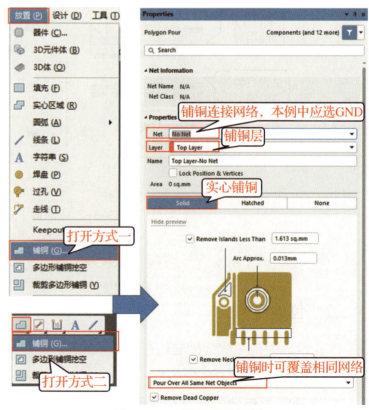

图 3-6-4　铺铜属性设置

时可覆盖相同网络。完成后其效果如图 3-6-5 所示。

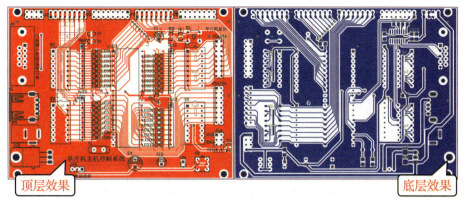

图 3-6-5　铺铜效果示意

四、放置文字

有时在 PCB 上需要放置元件的文字标注，或者放置电路注释及公司的产品标志等文字。必须注意的是所有文字都应放置在丝印层上。放置方法包括在主菜单中单击【放置】→【字符串】（或按快捷键〈P+S〉），或单击元件放置工具栏中的 A（放置字符串）按钮。

选中放置后，光标变成十字形状，将光标移动到合适的位置，单击就可以放置文字了。系统默认的文字是 String，可以在用鼠标放置文字时按〈Tab〉键，或者直接双击已经在 PCB 上放置好的文字。这两种操作下，系统都可以弹出图 3-6-6 所示的文字属性设置对话框，从而可以设置文字的高度、宽度、放置的角度和文字的字体。

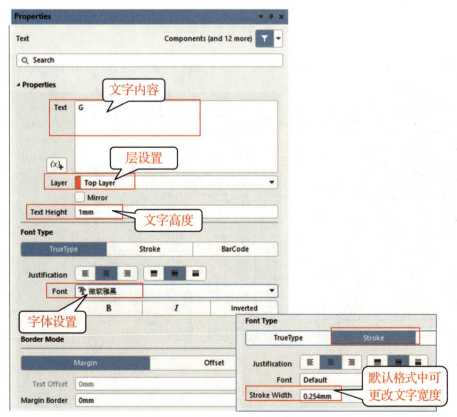

图 3-6-6　文字属性设置对话框

五、尺寸标注

在使用 Altium Designer 软件画完 PCB 后，我们常常需要给 PCB 加上尺寸的标注，下面介绍添加标注的步骤。

首先选择 Top Overlay 层，然后依次单击【放置】→【尺寸】→【线性尺寸】，调出标注直线尺寸的工具。接着使用鼠标拖拉操作画标注，画完后，双击标注设置，便可以修改单位、大小与字体，使标注方便阅读。其标注顺序如图 3-6-7 所示，图 3-6-8 为最终完成效果。

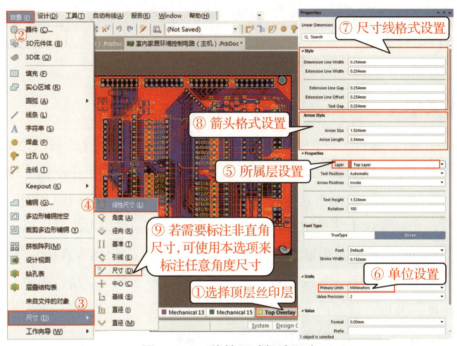

图 3-6-7　线性尺寸标注顺序

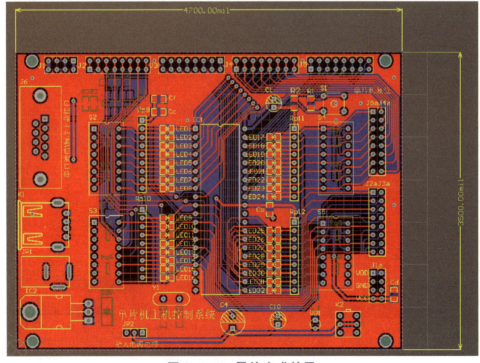

图 3-6-8　最终完成效果

六、使用 Simple BOM 输出简单报表清单

完成工程后,需要生成元件清单(简称 BOM 表)来采购元件或安装 PCB。若仅仅需要在 BOM 表中输出元件标号、清单、封装等信息,则可以使用【Simple BOM】命令方便地输出简单 BOM 表。其流程如下。

①打开工程中原理图文档,单击【报告】→【Bill of Materials】,进入 BOM 表参数设置界面。

②在【Projects】工程目录中会产生一个 Generated 文件夹,在其下方的 Text Documents 文件夹中会自动生成两个简单 BOM 文件,即扩展名为.BOM 与.CSV 的文件,双击打开 BOM 文件,如图 3-6-9 所示。这两个文件会保存在当前工程中的【Project Output】文件夹中。

其中【Comment】为元件的注释说明,【Description】为元件封装,【Designator】为元件的标号,【Foot print】为元件引脚,【Quantity】为该元件数量。

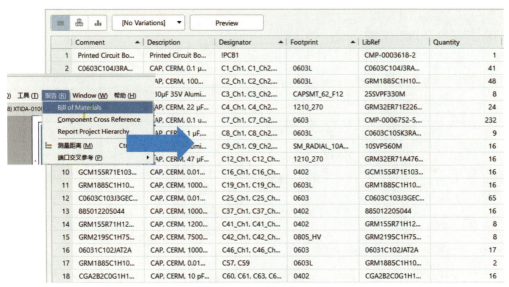

图 3-6-9 报表输出

知识回顾

通过本任务的学习,熟悉了 PCB 后续补泪滴、铺铜等操作处理的相关知识,掌握了以下 5 点:

①PCB 补泪滴的作用与操作;

②包地处理的操作步骤;

③放置铺铜的方法及属性设置;

④放置文字的方法及属性设置;

⑤尺寸标注的工具及操作过程。

 **项目评价**

项目完成情况评价表如综表 3 所示。

综表 3　项目完成情况评价表

项目名称			评价时间	年　月　日			
小组名称			小组成员				
评价内容	评价要求	权重	评价标准	学生自评得分	小组评价得分	教师评价得分	合计
职业与安全意识	1. 操作符合安全操作规程 2. 遵守纪律、爱惜设备、工位整洁 3. 具有团队协作精神	10%	好（10） 较好（8） 一般（6） 差（<6）				
PCB 文件的建立及标准配置	1. 能够创建室内家居环境控制电路 PCB 文件 2. 能够根据需要设置元件属性 3. 能够正确设置 PCB	10%	好（10） 较好（8） 一般（6） 差（<6）				
原理图同步和 PCB 规则设置	1. 原理图正确同步 2. 为所有元件建立网络连接 3. 规则的设计符合电路功能需要	15%	好（15） 较好（12） 一般（9） 差（<9）				
PCB 的布局和布线	1. PCB 元件布局合理，模块选择规范 2. 根据需要管理与设置飞线 3. 布线合理、美观，能够根据实际问题调整布线 4. 根据需要进行后续处理	60%	好（60） 较好（48） 一般（36） 差（<36）				
问题与思考	1. PCB 设计必须考虑的规则有哪些 2. 布局与布线之间的关联性 3. 本项目中你有哪些收获	5%	好（5） 较好（4） 一般（3） 差（<3）				
教师签名			学生签名			总分	
项目评价 = 学生自评（0.2）+ 小组评价（0.3）+ 教师评价（0.5）							

项目 4

遮光计数器单面 PCB 设计与制作

📕 项目布置

遮光计数器单面 PCB 设计与制作

1. 能绘制遮光计数器原理图，会设置 PCB 编辑器、元件封装库、同步比较选项，会载入 SCH 信息，了解元件库绘制注意事项。

2. 懂得遮光计数器 PCB 布线的基本要求，能合理地分布信号的接地点、对电路进行布局、安排滤波电容。

3. 能制作遮光计数器 PCB。

4. 懂得生成遮光计数器元件封装库、PCB 的 3D 效果输出、PCB 外购件清单、PCB 信息输出、PCB 装配图输出。

📕 项目分析

在实际的大型工程项目中，其都是由工程师团队协同完成的。发挥团队精神，互补互助以达到团队最大工作效率是每个工程师必须具备的能力。对于团队的成员来说，不仅要有个人能力，更需要有在不同的位置上各尽所能、与其他成员协调合作的能力。

在本项目中，外壳工程师已经设计并制作好外壳模型（可在网站中下载学习资料），要求设计的 PCB 能够与之相匹配，同时顺利地安装到壳体中。

经过前面 3 个项目的学习，接下来进入实战阶段。本项目需要利用之前学习的理论知识制作一个遮光计数器的 PCB。一般单面 PCB 制作流程如图 4-0-1 所示。

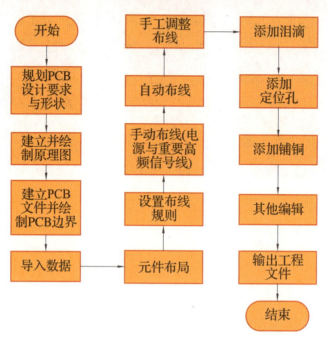

图 4-0-1 一般单面 PCB 制作流程

遮光计数器原理图如图 4-0-2 所示。

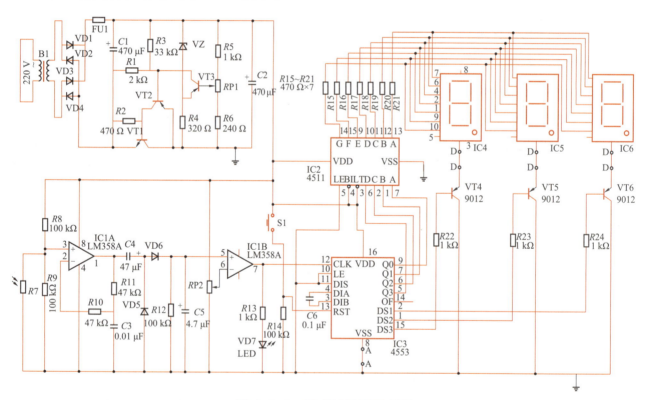

图 4-0-2 遮光计数器原理图

完成原理图绘制后,新建 PCB 文件,并绘制 PCB。其元件布局如图 4-0-3 所示。布局完成后使用布线工具完成 PCB 的设计与制作。最后,按要求输出 PCB 工程设计文件。

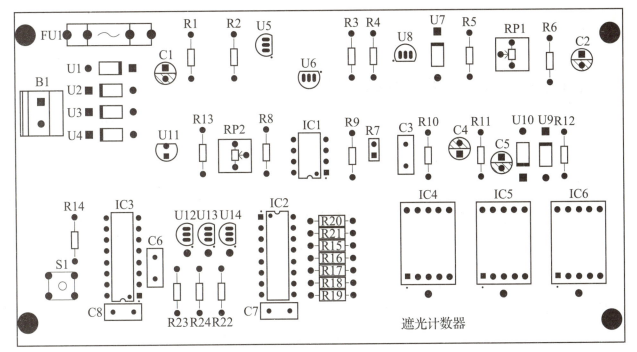

图 4-0-3 遮光计数器元件布局

项目流程

项目流程如图 4-0-4 所示。

图 4-0-4 项目流程

任务 1 配置遮光计数器电路工程环境并绘制原理图

任务内容

1. 创建遮光计数器 PCB 工程并绘制原理图。
2. 遮光计数器层次电路图设计。
3. 遮光计数器元件封装库设置。
4. 遮光计数器同步比较选项设置。

任务完成

一、创建 PCB 工程并绘制原理图

按照项目 1 的教程建立 PCB 工程,并建立 SCH 原理图文件(其原理图见图 4-0-2)。原理图中大部分元件都是可在默认库中找到。其元件清单及封装符号如表 4-1-1 所示。

表 4-1-1 元件清单及封装符号

序号	元件标号	元件库名称	封装	描述
1	B1	Header 2	FLY2	电源接口
2	C1,C2,C4,C5	Cap Pol2	RB.1/.15	电解电容
3	C3,C6,C7,C8	Cap	RAD-0.2	圆片电容
4	FU1	Fuse 1	FUS	熔断丝
5	IC1	LM358AN	DIP-8	LM358
6	IC2	HCC4511BF	DIP-16	4511 集成电路
7	IC3	MC14553BCP	DIP-16	4553 集成电路
8	IC4,IC5,IC6	Dpy Blue-CC	H	数码管
9	R1~R6,R8~R24	Res2	AXIAL-0.4	直插电阻
10	R7	光敏电阻	HDR1X2	光敏电阻
11	RP1,RP2	RPot	VR	电位器
12	S1	SW-PB	AN66	按键
13	VD1,VD2,VD3,VD4,VD5,VD6	Diode 1N4007	DO-41	1N4007 二极管
14	VT1	2N3904	TO-92A	8050 三极管
15	VT2,VT3,VT4,VT5,VT6	2N3906	TO-92A	9012 三极管
16	VZ	Diode 11DQ03	DO-41	3 V 稳压管
17	VD7	LED0	LED2	红色 LED 灯

其中使用深色底纹标出的几个元件是常用元件库 Miscellaneous Devices 中所没有的。分别为 3 个集成电路 IC1、IC2、IC3，光敏电阻 R7。需要利用之前项目中学习的新建元件知识；也可以通过 Altium Designer 的官方库中查找这些元件的集成库；也可访问出版社官网获取本书配套电子资源。

二、层次电路图设计

层次电路图主要包括两大部分：主电路图和子电路图。其中主电路图与子电路图的关系是父电路与子电路的关系，在子电路图中仍可包含下一级子电路。当进行大型工程设计时，只靠一张图纸是无法实现的（几千个元件密密麻麻挤在一张图纸上，其可读性会非常差），这时需要用多张图纸进行开发设计。一个多图纸设计工程是由逻辑块组成的多级结构，其中的每个逻辑块可以是原理图或是 HDL 文件，在多级结构的最顶端是一张主原理图图纸——工程顶层图纸。例如：Altium Designer 中自带的例程 Bluetooth_Sentinel 就使用了层次电路设计，如图 4-1-1 所示。

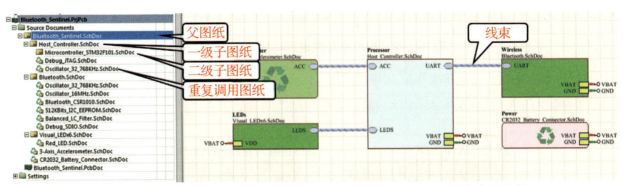

图 4-1-1　Altium Designer 中范例工程 Bluetooth_Sentinel 层次电路结构

多图纸结构一般通过图表符形成，一张图表符对应一张子图纸。在主原理图图纸中放置图标符时，通过图表符与子图纸进行连接，而子图纸也可以通过图表符与更底层的图纸进行连接。

本项目电路图虽然较为简单，但可以用来练习层次电路图的设计。

1. 设计电路组成框图——父电路图

根据电路原理图，本电路主要由以下 3 个模块构成：

①串联型稳压电源模块；

②遮光计数及信号整形计数模块；

③3 位数码管显示模块。

按电路功能进行模块分解的示意图如图 4-1-2 所示。

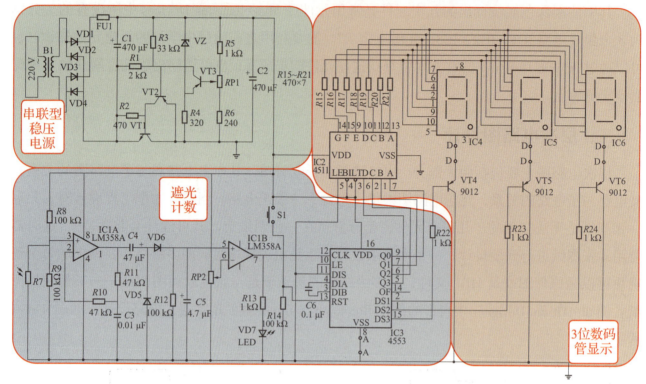

图 4-1-2　按电路功能进行模块分解的示意图

所以，按照项目 2 的方法建立父电路图，即遮光计数器系统框图，如图 4-1-3 所示。其中遮光计数模块与 3 位数码管显示模块通过段码与片选两根线束进行通信。

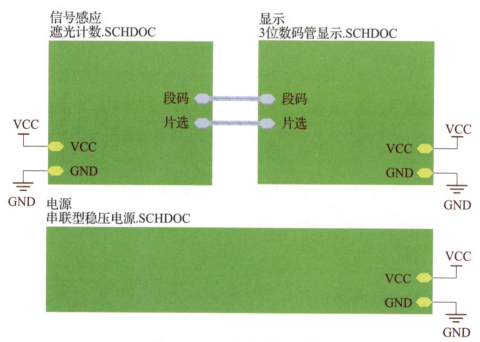

图 4-1-3　遮光计数器系统框图

2. 新建子电路图并分模块绘制原理图

建立好系统框图后，可以在 Designer 区域输入标识符。若标识符包含有 Repeat 关键字的语句，则还能实现多通道功能（见项目 2）。而若在 File Name 区域输入想要调用的子图纸文件名称（Altium Designer 中文件名不区分大小写），则可实现对子图纸的调用。

当多图纸工程编译好后，各个图纸间的逻辑关系被识别并建立一个树形结构，表示各个图纸的逻辑关系（见图 4-1-2）。单击【设计】→【从页面符创建图纸】，使用出现的十字架单击对应图表符即能产生对应的子图纸，其输出接口也已自动生成好，如图 4-1-4 所示。

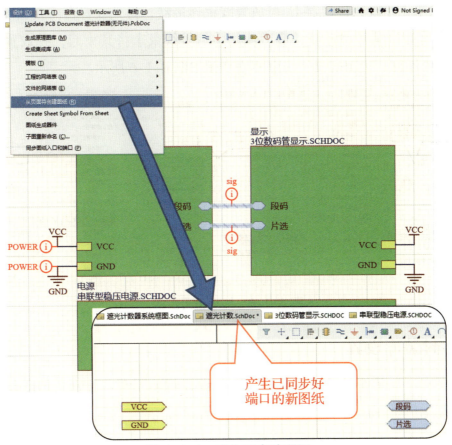

图 4-1-4　产生子电路图纸

将原电路图拆分为 3 个模块电路文档进行设计，每个电路完成特定功能，这样设计出的电路可读性较强，方便电路图移植。如图 4-1-5 所示。

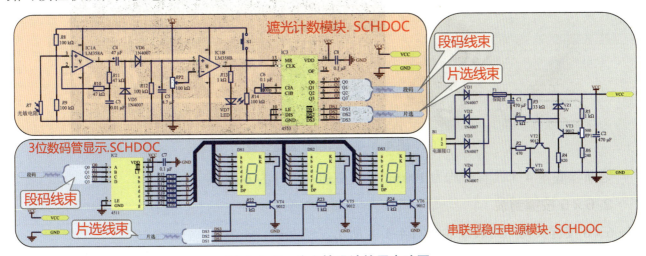

图 4-1-5　分文档设计的子电路图

3. 配置并使用线束

Altium Designer 中线束功能较为强大，在层次电路图中线束的使用能让原理图变得非常简洁明了。线束的作用是能把网络标号、BUS 总线，甚至别的线束一起打包成一根粗电缆。可以把它想象成在电脑机箱中扎线的束线带。其使用方法较为简单，在需要打包线束的位置单击【放置】→【线束】→【线束连接器】，可放置线束连接器，将其放置在需要相连的端口上，使用【线束入口】将端口编号并连接，最后使用【信号线束】将其束起，并设置线束名称为段码。利用端口选项添加原理图端口，线束使用步骤如图 4-1-6 所示。

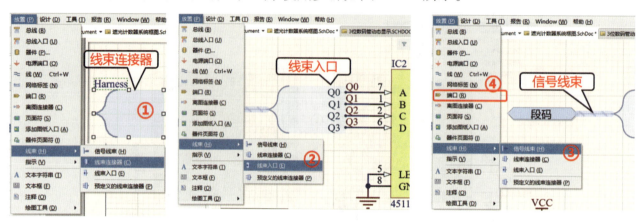

图 4-1-6 线束使用步骤

三、元件封装库设置

在本项目中有 4 个元件无封装或默认封装与设计封装不符。分别是熔断丝 FU1，电位器 RP1、RP2，按键 S1 与 LED 灯 VD7。这几个元件的封装需要自己绘制。绘制元件封装的方法已在项目 1 中讲解过，这里只给出封装参数。

1. 熔断丝封装

熔断丝底座封装如图 4-1-7 所示。

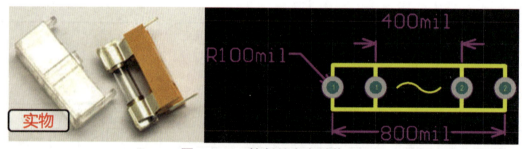

图 4-1-7 熔断丝底座封装

熔断丝底座 4 个孔直径均为 100 mil，其中通孔尺寸为 60 mil。

2. 6×6 按键封装

6×6 按键实物与封装尺寸如图 4-1-8 所示。

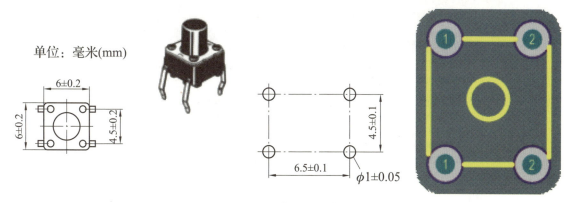

图 4-1-8　6×6 按键实物与封装尺寸

3. 3362 电位器封装

3362 电位器实物与封装尺寸如图 4-1-9 所示。

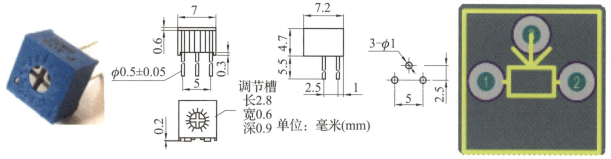

图 4-1-9　3362 电位器实物与封装尺寸

4. LED 发光二极管封装

LED 实物与封装尺寸如图 4-1-10 所示。

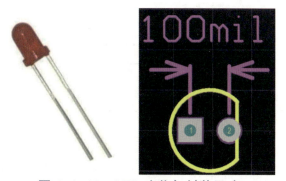

图 4-1-10　LED 实物与封装尺寸

四、同步比较选项设置

绘制完电路原理图后,需要进行 PCB 同步比较,其步骤如下。

①创建 PCB 文件,然后打开 PCB 文件,从原理图导入工程变化订单(内部网络表)。

②单击【设计】→【Import Changes From 遮光计数器 .PrjPcb】;也可以在原理图中单击【设计】→【Update PCB Document 遮光计数器 .PcbDoc】更新更改,如图 4-1-11 所示。

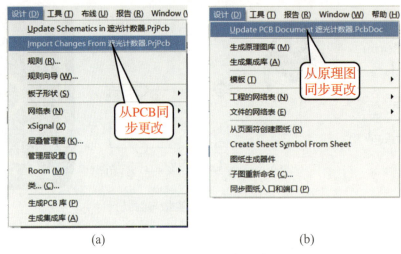

图 4-1-11 同步更改

（a）从PCB同步更改；（b）从原理图同步更改

③单击后出现工程变化订单，工程更改顺序界面如图4-1-12所示。

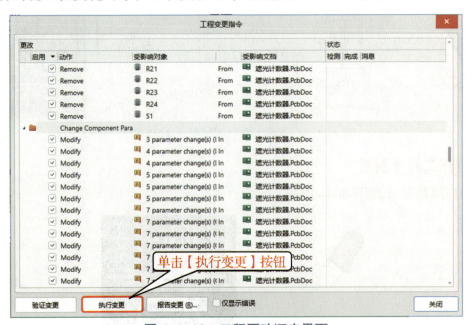

图 4-1-12 工程更改顺序界面

单击【验证变更】按钮，进行检查。如果有问题，将会在【状态】选项组内显示出现"×"字符，并在【消息】栏显示错误说明。

退出对话框，参照错误说明进行修改。确定无误后再次运行导入。

注意：若元件封装没有找到，则会出现一系列问题。主要检查以下两个方面：

a. 在原理图中，查看元件是否指定了封装；

b. 在PCB文件中，是否加载了相应封装库。

④原理图设计如果没有问题，则单击【执行变更】按钮，原理图中的元件就能导入PCB中。由于使用了层次电路设计结构，因此会生成3个红色的Room，即"电源"Room、"信号感应"，Room、"显示"Room。其中对应元件已经自动排列在对应Room中，如图4-1-13所示。

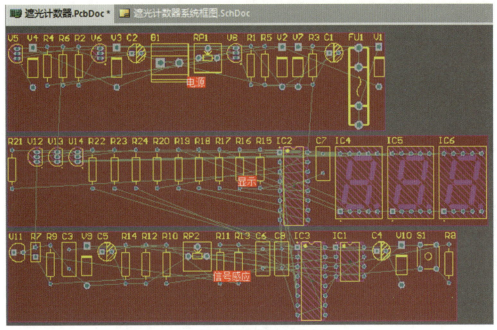

图 4-1-13　元件自动排列在对应 Room 中

 **知识回顾**

通过本任务的学习,对遮光计数器的原理图文件进行了实战绘制并对层次电路图有了进一步的了解,掌握了以下 4 点内容:

①创建遮光计数器 PCB 工程并绘制原理图;
②遮光计数器层次电路图设计;
③遮光计数器元件封装库设置;
④遮光计数器同步比较选项设置。

扫一扫
知识链接

Altium Designer
中集合线束功能

同时,在知识链接(二维码)中,也对 Altium Designer 中集合线束功能进行了介绍。

任务 2　遮光计数器 PCB 规划及元件布局

 **任务内容**

1. 规划遮光计数器 PCB 形状及定位孔放置。
2. 熟悉 PCB 布局的基本原则并规划遮光计数器 Room 位置。
3. 手动调整遮光计数器 PCB 并锁定特殊元件。
4. 利用软件自动布局遮光计数器电路元件。

任务完成

一、规划 PCB 形状及定位孔放置

电路原理图设计好后,一般工程师必须在绘制 PCB 之前与产品结构工程师沟通,PCB 大小与形状(确保 PCB 能装入外壳)、PCB 定位孔位置(确保 PCB 能固定在外壳的定位孔上)、空间中是否有元件碰撞外壳情况(确保 PCB 装配好后元件与外壳无碰撞)等参数。

在 Altium Designer 中可以使用 3 种方式来确定 PCB 形状及定位孔位置,即三维文件导入、二维 CAD 文件导入、通过设计参数自建。

1. 三维文件导入确定 PCB 形状

在 Altium Designer 中可以通过导入三维外壳帮助制作 PCB,从而使 PCB 设计不再受结构限制而返工。其方法是,在打开的 PCB 文件下单击【放置】→【3D 元件体】,会弹出【3D 体】对话框,如图 4-2-1 所示。然后在弹出的对话框中选中【属性步骤模型】单选按钮,单击【插入步骤模型】按钮,选择由结构工程师制作好的 3D STEP 文件。为了方便观察,在【显示】选项组中设置 3D 颜色透明度为较透明;在【属性步骤模型】选项组中设置 3D 体的支架高度及三维旋转角度。

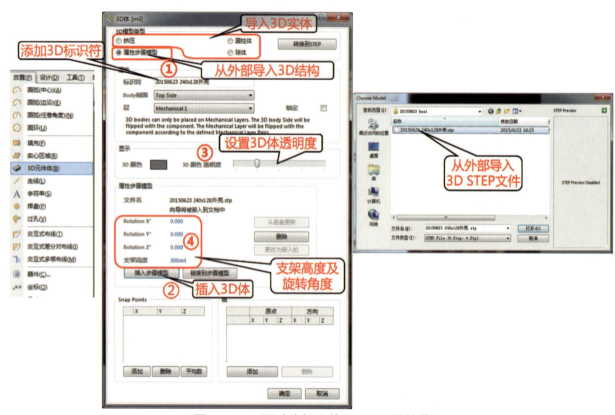

图 4-2-1 通过外部文件导入 3D 结构体

在二维 PCB 界面中会出现一个红色阴影,表示已经导入了 3D 外壳,其红色阴影表示在 PCB 二维页面上的投影。此时单击【视图】→【切换到 3 维显示】,可切换至三维视图模式。

如图 4-2-2（b）所示。

使用 3D STEP 文件导入最大的好处是不但能确定 PCB 形状及定位孔位置，而且能检查出元器件在外壳中是否有碰撞。如果图 4-2-2（a）中数码管为绿，则表示外壳与 PCB 中元件数码管碰撞，产生了三维体碰撞报警。

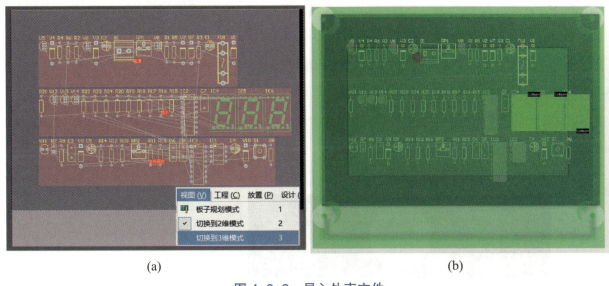

图 4-2-2　导入外壳文件
（a）查看2D；（b）查看3D

2. 二维 CAD 文件导入确定 PCB 形状

在 Altium Designer 中也可以通过二维 CAD 文件来确定 PCB 形状。其方法为单击【文件】→【导入】，可分别导入 AutoCAD 文档、Gerber 文档、IDF 文档等。在打开的文件选择框中选择文件并单击【打开】按钮后可直接使用 CAD 文档。如图 4-2-3 所示。

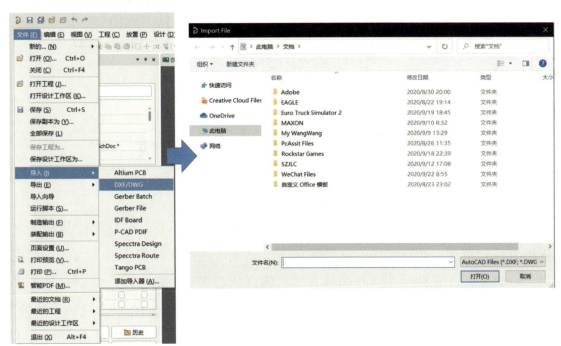

图 4-2-3　导入 CAD 外形文件

3. 通过设计参数自建 PCB 形状及定位孔

最常用的方式是通过设计参数自建 PCB 形状及定位孔。本项目中要求 PCB 大小为 6 000 mil×3 000 mil，其装配孔有 4 个，焊盘直径为 200 mil，通孔直径为 3 mm，中心点分别与上、下、左、右边距离 200 mil。步骤如下：

①在 Keep-Out 层中绘制 6 000 mil×3 000 mil 的方框，设置方框左下角为原点。

②选中绘制好的 Keep-Out 层方框，单击【设计】→【板子形状】→【按照选择对象定义】，系统能自动根据选择的方框定义好 PCB 形状。

③在 PCB 中放置定位孔单击【放置】→【焊盘】，在跳出的【焊盘】对话框中设置焊盘直径为 200 mil，通孔直径为 3 mm，并放置在 PCB 上，距离最近边的距离为 200 mil，如图 4-2-4 所示。

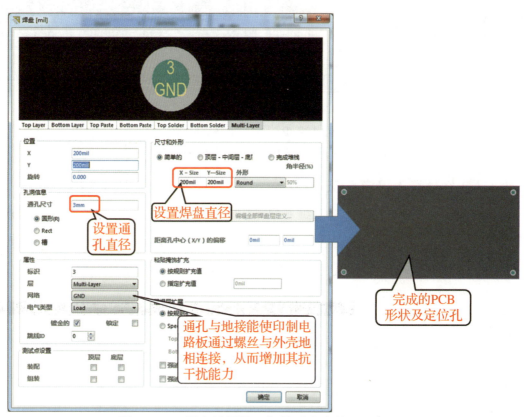

图 4-2-4　焊盘放置界面与最后完成的 PCB 形状

二、PCB 布局的基本原则并规划 Room 位置

完成了 PCB 形状规划及定位孔的设置后，进入 PCB 布局环节。进行元件和网络表的同步后，元件被混乱地放在一个空间内。这种情况下，是无法进行布线操作的，因此需要先进行合理的布局。一般来说，元件的布局有两种方式，即自动布局和手动布局。所谓自动布局，是指按照设计者事先定义好的设计规则，系统自动地在 PCB 上进行元件的布局，这种方法效率较高，布局结构比较优化，但有时缺乏一定的合理性和实用性；手动布局是指设计者在 PCB 上进行元件的手动布局，包括移动、排列元件，修改元件封装，调整元件序号等，其布局结果比较符合

设计者的意图和实际应用的要求,也有利于后面的布线操作,但相对效率较低。

在开始元件布局前要注意 PCB 的布局需要按照以下 4 个基本原则进行。

① 元件的布局要求均衡,疏密有序,避免头重脚轻。

② 元件布局应按照元件的关键性来进行,先布置关键元件如微处理器、DSP、FPGA、存储器等,根据数据线和地址线的走向,按就近原则布置元件。

③ 存储器模块尽量并排放置,以缩短走线长度。

④ 尽可能按照信号流向进行布局。

注意:元器件布局,应当从机械结构散热、电磁干扰、将来布线的方便性等方面综合考虑。先布置与机械尺寸有关的器件,并锁定这些器件,然后是大的器件和电路的核心元件,再是外围的小元件。

了解布局规则后,为了方便布局,首先把 Room 位置定下来。本项目中涉及实际情况,考虑将串联型稳压电源模块放置在 PCB 左上角,数码管显示放置在 PCB 右下角,遮光计数模块放置在剩余位置。其布局结构如图 4-2-5 所示。

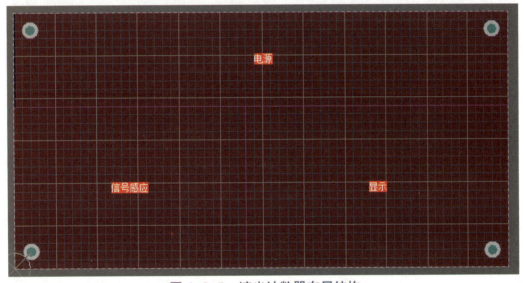

图 4-2-5 遮光计数器布局结构

三、手动调整并锁定特殊元件

在常见 PCB 中,有些元件是需要特别注意的,如接口类元件,一般都布置在 PCB 的边缘从而方便连接,如果将其放置在 PCB 中间,会造成阻挡或无法连接。这些需要放在特殊位置的元件统称为特殊元件。

常见特殊元件有以下 4 类。

① 接口类:如电源接口、扬声器、视频、音频接口、键盘、鼠标、USB 等。

② 显示类:如发光二极管、数码显示管等显示类模块,需要考虑原理设计中信息显示阅读习惯的规范,不能随意排列。

③ 旋钮类:如音量控制、调谐、波段等。

④其他类：必须放置在特定位置的元件，如电视机高压包等。

在本项目中，特殊元件为电源接口（B1）与3个数码管（IC4，IC5，IC6），如表4-2-1所示。电源接口需要放置在PCB左侧从而方便连接。3个数码管需要放置在一起，从左到右依次为IC4，IC5，IC6。这是由于在本电路中，IC4为百位数码管，IC5为十位数码管，IC6为个位数码管。若将它们随意放置，则会造成读数不正确。数码管之间的间距也最好一致，以便于阅读。

表 4-2-1 需特殊调整位置的元件

序号	元件标号	元件库名称	封装	描述
1	B1	Header 2	FLY2	电源接口
2	IC4，IC5，IC6	Dpy Blue-CC	H	数码管

在本项目中首先布局此两类元件，如图4-2-6所示。

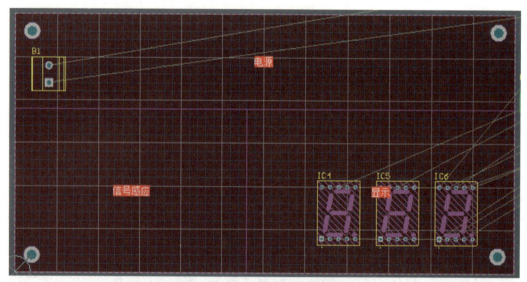

图 4-2-6 特殊元件布局图

手动布局完成后，必须把对应的元件锁定，才能使其不被软件自动布局改变位置。双击手动布局的元件，单击弹出的【Properties】对话框中锁定框的 图标使其锁定，如图4-2-7所示。

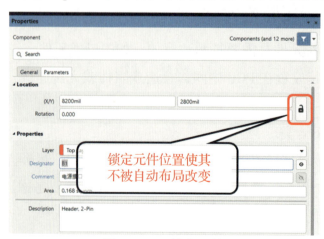

图 4-2-7 锁定元件

四、软件自动布局

定位好特殊元件后,单击【工具】→【器件布局】,对元件进行自动布局。其中有6种自动布局方式,如图4-2-8所示。

1. 按照 Room 排列

选择【按照 Room 排列】选项,光标变为十字形状,此时单击对应 Room 可自动把元件排列到对应 Room 中。如图4-2-9所示。

图 4-2-8　软件自动布局菜单　　　　图 4-2-9　按 Room 自动布局

2. 在矩形区域排列

选中需要排列的元件,选择【在矩形区域排列】选项,通过鼠标框选排列区域,软件能够自动在框选区域中排列选中的元件。

3. 排列板子外的器件

选中板子外的元件,选择【排列板子外的器件】选项,软件能自动排列板子外的元件。注意排列的元件还在 Room 外。

4. 自动布局

选择【自动布局】选项,软件能自动简单布局元件,但其布局智能化水平较低,一般不推荐使用。

5. 依据文件放置

需要有元件定位 PIK 文件才能使用。

6. 重新定位选择的器件(★推荐使用)

此布局方案可在原理图中选择多个元件进行重新定位并手动放置。其使用方法是,在原理图中框选需要布局的元件,然后在 PCB 文件中选择【重新定位选择的器件】选项,此时选中的元件就能逐个被手动放置了。这种方法非常适合按照原理图进行元件布局,如图4-2-10所示。

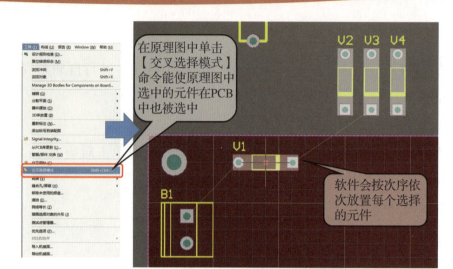

图 4-2-10 重新定位选择的元件排列布局

> **小提示：** 在原理图中选择元件时需要单击【工具】→【交叉选择模式】，这样原理图中选择的元件切换回 PCB 时也会被选中。

通过对上述几种元件布局方式的灵活使用，很快能完成本项目的元件布局。如图 4-2-11 所示。

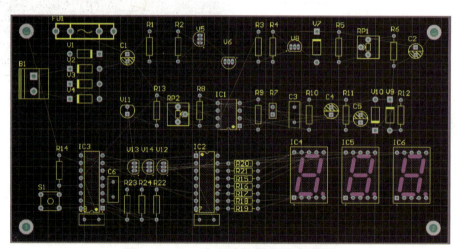

图 4-2-11 遮光计数器元件布局图

知识回顾

通过本任务的学习，对遮光计数器的元件布局进行了实战演练，懂得了以下 4 点内容：

① 规划 PCB 形状及定位孔放置；
② PCB 布局的基本原则并规划 Room 位置；
③ 手动调整并锁定特殊元件；
④ 软件自动布局。

同时，在知识链接（二维码）中，也对 PCB 布局注意事项和网络密度分析进行了介绍。

扫一扫
知识链接

PCB 布局注意事项和网络密度分析

项目 4 遮光计数器单面 PCB 设计与制作

任务 3　遮光计数器 PCB 布线

任务内容

1. PCB 走线规则设置。
2. PCB 手动布线。
3. PCB 自动布线。
4. 手动调整自动布线。

任务完成

在完成 PCB 的布局工作以后，就可以开始布线操作了。在 PCB 的设计中，布线是完成产品设计的重要步骤之一，其要求很高、技术很细、工作量很大。其首要任务就是在 PCB 上布通所有的导线，建立起电路所需的所有电气连接，这在高密度 PCB 设计中很具有挑战性。PCB 布线可分为单面布线、双面布线和多层布线。

Altium Designer 的 PCB 布线方式有自动布线和手动布线两种。在采用自动布线时，系统会自动完成所有布线操作；手动布线方式则要根据飞线的实际情况手动进行导线连接。在实际布线时，可以先用手动布线的方式完成一些重要的导线连接，然后再进行自动布线，最后再用手动布线的方式修改自动布线时的不合理连接。

本任务中以遮光计数器为具体实例来实战布线的规则，以及熟悉自动布线和手动布线等工具的使用，从而让大家能够了解整个制板过程和具体操作步骤。

一、PCB 走线规则设置

项目 3 了解了 PCB 布线基本原则之后，需要对自动布线规则进行设置。同自动布局一样，在启动自动布线器，进行自动布线之前，同样需要对相关的布线规则进行合理的设置，即针对不同的操作对象，定义灵活的设计约束，以获得更高的布线效率和布通率。通过单击【设计】→【规则】，即可打开【PCB 规则及约束编辑器】对话框。也可以在 PCB 设计环境中右击，再单击【设计】→【规则】，打开【PCB 规则及约束编辑器】对话框，如图 4-3-1 所示。

在打开的【PCB 规则及约束编辑器】

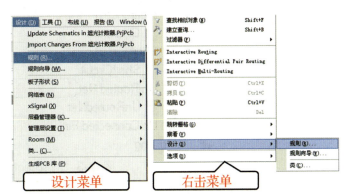

图 4-3-1　设计 / 规则菜单选项

对话框中选择【Electrical】（电气规则设置），如图 4-3-2 所示。

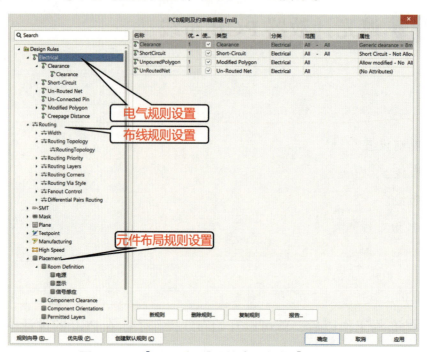

图 4-3-2 【PCB 规则及约束编辑器】对话框

在【PCB 规则和约束编辑器】对话框的左边菜单中，系统列出了所提供的 10 大类【Design Rules】（设计规则），分别是【Electrical】（电气规则）、【Routing】（布线规则）、【SMT】（表贴式元件规则）、【Mask】（屏蔽层规则）、【Plane】（内层规则）、【Testpoint】（测试点规则）、【Manufacturing】（制板规则）、【High Speed】（高频电路规则）、【Placement】（元件布局规则）和【Signal Integrity】（信号完整性分析规则）。在上述的每一类规则中，又分别包含若干项具体的子规则。设计者可以单击各规则类前面的"▲"符号进行展开，查看每类中具体详细的设计规则。在所示的所有规则中，与布线有关的主要是【Electrical】（电气规则）和【Routing】（布线规则）。

单击【Electrical】（电气规则）前面的"▲"符号，可以看到需要设置的电气子规则有 4 项，如图 4-3-3 所示。

图 4-3-3 [Electrical] 的子规则

就本任务而言，应重点设置【Clearance】（安全间距）子规则。

1.【Clearance】（安全间距）子规则设置

【Clearance】子规则主要用来设置 PCB 设计中导线、焊盘、过孔以及铺铜等导电对象之间的最小安全间隔，相应的设置对话框如图 4-3-4 所示。

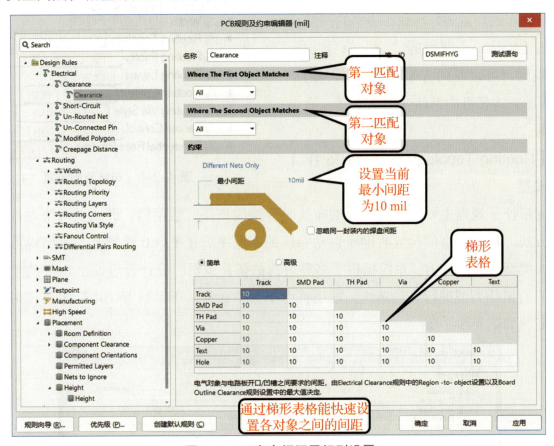

图 4-3-4 安全间距子规则设置

由于间隔是相对于两个对象而言，因此，在该对话框中，有两个规则匹配对象的范围设置。每个规则匹配对象都有【所有的】【网络】【网络类】【层】【网络和层】【高级的（询问）】选项，这些选项所对应的功能及约束条件，可以参考项目 3 中自动布局规则中相应的设置。

Altium Designer 中增加了梯形表格功能，从而使最小间距设置查看能够一一对应并快速设置，此功能设置起来非常直观。

本项目中默认安全间距设置为 8 mil。考虑到制造工艺问题，铺铜层与导线若靠得太近则会造成搭连概率增加，所以通过梯形表格设置铺铜层【Poly】与其他层安全间距皆为 30 mil。其设置界面如图 4-3-5 所示。

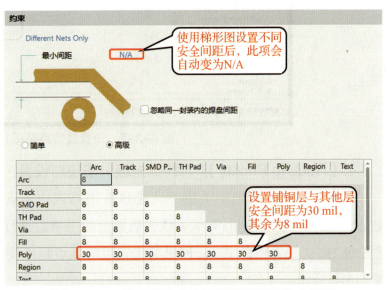

图 4-3-5 使用梯形表格设置不同项目安全间距

2.【Routing】(布线)规则设置

布线规则是自动布线器进行自动布线时所依据的重要规则,其设置是否合理将直接影响到自动布线质量的好坏和布通率的高低。

单击【Routing】前面的"▲"符号,展开布线规则,可以看到有8项子规则,如图4-3-6所示。本任务中具体介绍第2项~第4项子规则。

图 4-3-6 布线规则设置

3.【Routing Topology】(布线拓扑)子规则设置

布线拓扑子规则主要用于设置自动布线时导线的拓扑网络逻辑,即同一网络内各节点间的走线方式。拓扑网络的设置有助于自动布线的布通率。在【PCB规则及约束编辑器】对话框的拓扑类型选择区域内,系统提供了多种可选的拓扑逻辑,设计者可根据PCB的复杂程度选择不同的拓扑类型进行自动布线。本项目由于为单面板,所以推荐使用最短路径拓扑规则"Shortest",如图4-3-7所示。

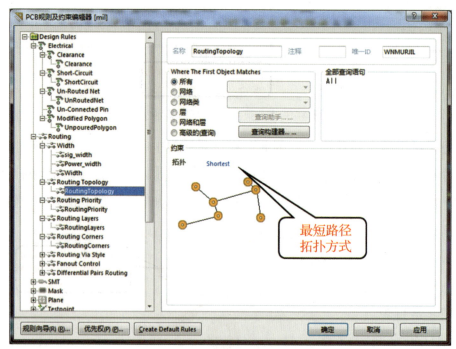

图 4-3-7 设置最短路径拓扑方式

4.【Routing Priority】(布线优先级)子规则设置

布线优先级子规则主要用于设置PCB网络表中布通网络布线的先后顺序,设定完毕后,优先级别高的网络先进行布线,优先级别低的网络后进行布线。在本项目中设置电源类网络层优先级为1。提升电源Power网络类优先级的优点是可使自动布线生成的电源线不会太乱,如图4-3-8所示。

图 4-3-8　设置电源网络层优先级为 1

5.【Routing Layers】（布线层）子规则设置

布线层子规则主要用于设置在自动布线过程中允许进行布线的工作层，一般用在多层板中，规则设置对话框如图 4-3-9 所示。由于本项目为单层板设计，所以激活的层中仅勾选【Bottom Layer】复选框。

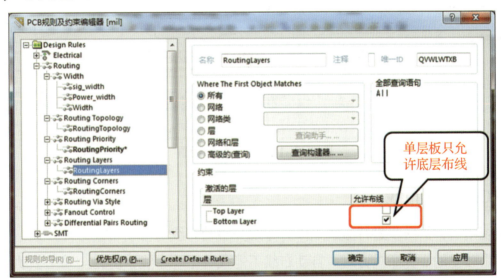

图 4-3-9　设置只允许在 Bottom Layer（底层）自动布线

6. PCB 网络类设置与线宽规则设置

首先设置线宽，本项目中需要对电源线加粗至默认宽度 30 mil，并且要求对段码与片选的信号线设定宽度为 10 mil，其余导线设置默认宽度为 20 mil。为方便设置，在设置线宽之前首先来设置 net class（网络类）。其设置方法如下。

在父原理图中找到 VCC 与 GND 两个电源类接口，单击【放置】→【指示】→【网络类】，弹出网络类选项，建立 Power 网络类，并将其与 VCC、GND 分别连接。这样 VCC 与 GND 就加入了新建的网络类 Power 中了。按照同样的办法建立 sig 网络类，并与段码、片选两个信号线束连接，则这两个信号线束中的 NET 就都加入了网络类 sig 中了，如图 4-3-10 所示。

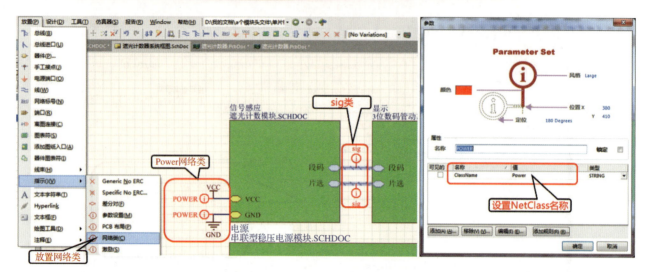

图 4-3-10 快速建立网络类（Net Class）

当然也可以在 PCB 文件中单击【设计】→【类】的办法建立网络类。但此种方法较烦琐，故不推荐。设置完网络类后，可在规则中添加每个类的线宽规则，如图 4-3-11 所示。

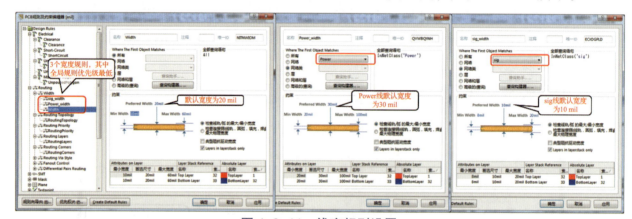

图 4-3-11 线宽规则设置

二、PCB 手动布线

设置完规则后，下一步进行布线工作。布线分手动布线与自动布线两种方式，自动布线和手动布线不是独立的 2 种布线方式。自动布线不能代替手动布线，但完全采用手动布线效率太低，所以要配合起来使用。一般是 PCB 上重要的信号线要手动布线，完成锁定已有走线后进行自动布线。这样效率高、布线效果好。

重要的信号线一般按照如下顺序完成。

（1）地、电源等供电网络

对电源线的布线需要设计者考虑电流走向，特别是一些大电流元件，为防止其干扰附近芯片，可考虑其电源供给与其他芯片分开。本项目中由于整个电路电流较小，故可暂不考虑载流问题。

（2）高频信号线

高频信号线需要考虑干扰与阻抗匹配，有些特殊导线需要布等长线，有些线需要尽可能短，所以这类线应采用手动布线。一般包含以下 3 类：

①时钟线、复位线；

②数据、地址及相应的控制线；

③重要的通信网络，如 I2C、SPI 等。

其他信号线对于 PCB EMC 和 SI 性能的影响微乎其微，故可以使用自动布线。

由于本项目遮光计数器中无高频信号线，所以我们可以先手动布通串联型稳压电源网络，如图 4-3-12 所示。

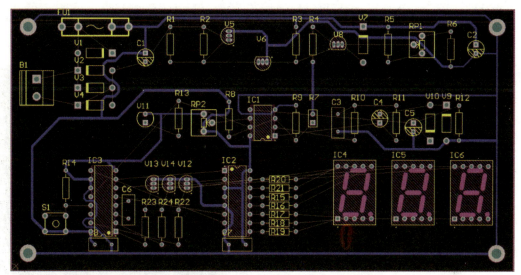

图 4-3-12　手动布电源线尽可能减少路径

三、PCB 自动布线

对于一些不重要的导线，可使用 Altium Designer 软件进行自动布线。但自动布线前需要首先把原先手动布好的导线进行锁定，这样自动布线就不会修改原先布好的导线了。单击【编辑】→【查找相似对象】，选中 GND 网络，单击【Same】按钮，查找所有 GND 导线。单击【确定】按钮后，在弹出的【PCB Inspector】对话框中勾选【Locked】复选框，如图 4-3-13 所示。按照同样的方法锁定 VCC 导线。

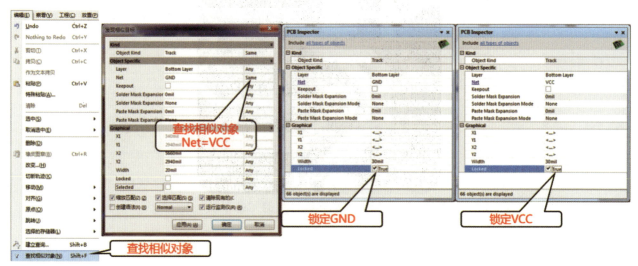

图 4-3-13　锁定手工布线的 VCC 与 GND 导线

接下来可使用以下5种方式进行自动布线。

①全部——所有线路全部自动布线。

②网络/网络类——按照网络或网络类自动布线。

③连接——按照选择的连接自动布线。

④区域——按照选择区域自动布线。

⑤Room——按照Room自动布线。

单击【自动布线】→【Room】,再单击电源Room,Altium Designer会自动在电源Room中自动布线,其效果如图4-3-14所示。重复此动作,把本电路中另两个Room也进行自动布线。

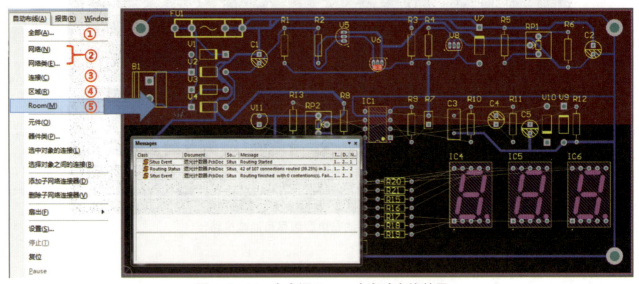

图4-3-14 在电源Room中自动布线效果

四、手动调整自动布线

自动布线产生的电路时常会有一些瑕疵,特别是对一些已有锁定导线的地方,在对其自动布线时会产生冗余布线,如图4-3-15所示,此时需手动进行调整。

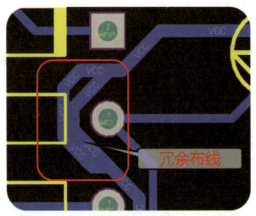

图4-3-15 自动布线产生的冗余布线

经过手动调整,最后完成本项目布线,如图4-3-16所示。

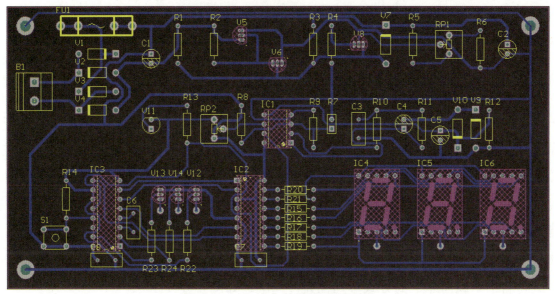

图 4-3-16　遮光计数器电路布线

 **知识回顾**

通过本任务的学习,对遮光计数器的电路连线进行了实战演练,懂得了以下4点:

① PCB 走线规则设置;

② PCB 手动布线;

③ PCB 自动布线;

④ 手动调整自动布线。

同时,在知识链接(二维码)中,也对电路走线宽度与电流能力关系进行了详述。

 任务 4　遮光计数器 PCB 后续处理

 任务内容

1. 元件标注调整。

2. PCB 补泪滴。

3. 包地处理。

4. 放置铺铜。

5. 放置文字。

6. 3D 效果演示。

任务完成

一、元件标注调整

在完成的 PCB 中，还需进行一些后续处理，其中之一就是对元件标号进行检查并微调。元件标号一般在元件布局时就调整好了，但是经过布线之后（特别是双面板有过孔）可能会有所调整，此时需要对元件标号进行微调。若图中元件标号都较乱，则可以通过选择相似对象的方式统一修改元件标号位置。其方法为选中元件标号，右击【选择相似对象】，弹出【发现相似目标】对话框，在【Kind】选项组中选择【same】选项，单击【确定】按钮，弹出【PCB Inspector】对话框，在【Graphical】选项组中选择【Center-Above】选项，则所有元件标号都会按照横向居中、纵向靠上的方式排列在元件周围，如图 4-4-1 所示。

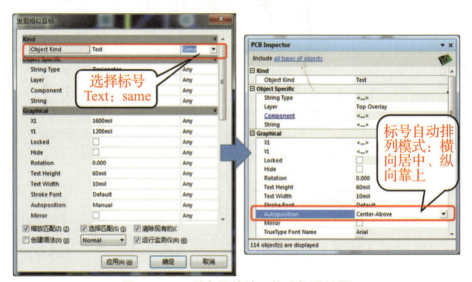

图 4-4-1　所有元件统一修改标号位置

本项目中经过自动排列元件标号后的效果如图 4-4-2 所示。从图中可以看出自动排列后的元件标号可能还是需要进行微调。

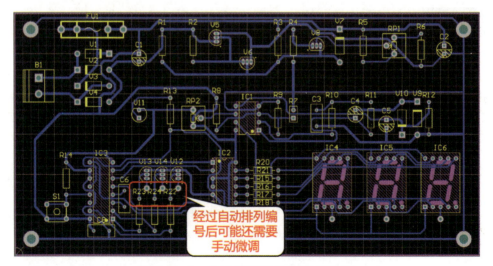

图 4-4-2　自动排列元件标号后效果

二、PCB 补泪滴和包地处理

本项目的 PCB 补泪滴和包地处理知识可参考项目 3 任务 6 中的相关内容。

三、放置铺铜

铺铜（又称覆铜、敷铜）的放置是 PCB 设计中的一项重要操作，一般在完成元件布局和布线之后进行，把 PCB 上没有放置元件和导线的地方都用铜膜来填充，以增强 PCB 工作时的抗干扰性能。铺铜只能放置在信号层，可以连接到网络，也可以独立存在。与前面所放置的各种图元不同，铺铜在放置之前需要对即将进行的铺铜操作进行相关属性的设置。

单击菜单【放置】→【多边形敷铜】，或者单击【布线】工具栏中的【铺铜】，系统弹出【多边形敷铜】对话框，如图 4-4-3 所示。

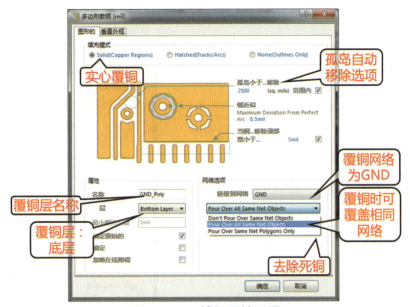

图 4-4-3　铺铜属性设置

由于本项目特点，此处选择底层实心铺铜，铺铜连接到 GND，选择铺铜时可覆盖相同网络。完成后其效果如图 4-4-4 所示。

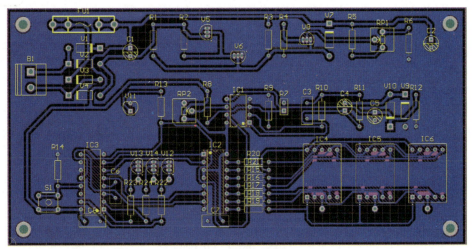

图 4-4-4　铺铜效果示意

四、放置文字

有时在布好的 PCB 上需要放置相应元件的文字标注，或者放置电路注释及公司的产品标志等文字。

必须注意的是所有的文字都应放置在 Silkscreen Layers（丝印层）上，如图 4-4-5 所示。

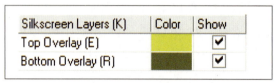

图 4-4-5　Altium Designer 的丝印层

放置文字的方法包括在主菜单中单击【放置】→【字符串】（按快捷键〈P+S〉），或单击元件放置工具栏中的 A （放置字符串）按钮。

选中放置后，光标变成十字形状，将光标移动到合适的位置，单击就可以放置文字了。系统默认的文字是 String，可以用以下两种方法对其编辑。

①在用鼠标放置文字时按〈Tab〉键，将弹出【串】对话框，如图 4-4-6 所示。

②对已经在 PCB 上放置好的文字，直接双击文字，也可以弹出 图 4-4-6 的对话框。其中可以设置的项是文字的高度、宽度、放置的角度和字体等。

在【属性】选项组中，有如下 5 项。

①【文本】下拉列表框：用于设置要放置的文字的内容，可根据不同设计需要进行更改。

②【层】下拉列表框：用于设置要放置的文字所在的层面。

③【字体】选项组：用于设置放置的文字的字体。

④【锁定】复选框：用于设定放置后是否将文字固定不动。

图 4-4-6　【串】对话框

⑤【反向的】复选框：用于设置文字是否镜像放置。

本项目中需要在 PCB 上输入项目名称"遮光计数器"，其效果如图 4-4-7 所示。

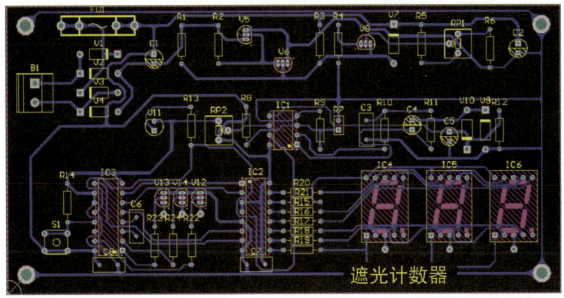

图 4-4-7　添加文字效果

五、3D 效果演示

按〈3〉键可快速切换至三维效果示意图，如图 4-4-8 所示。也可以通过文件快速输出其 3D STEP 文件。

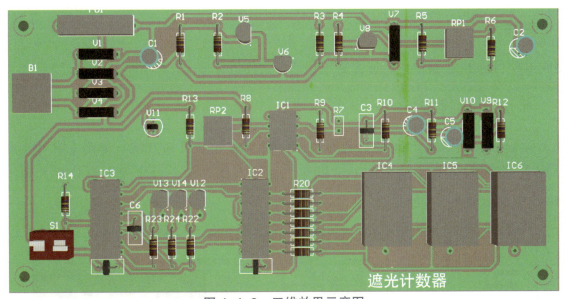

图 4-4-8　三维效果示意图

知识回顾

通过本任务的学习，对遮光计数器的 PCB 后续处理进行了实战演练，懂得了以下 6 点：
①对元件标注进行调整；
②进行 PCB 补泪滴；
③进行包地处理；

④放置铺铜；

⑤放置文字；

⑥输出3D效果演示。

同时，在知识链接（二维码）中，对实心铺铜与网格铺铜优缺点进行了分析。

扫一扫
知识链接

实心铺铜与网格铺铜优缺点

任务5　遮光计数器工程文件输出

任务内容

1. 生成元件封装库。
2. PCB 3D STEP 模型输出。
3. 建立OutJob输出工作文件，输出工程信息文档。

任务完成

完成本项目的PCB制作后，还需对工程信息文件进行输出。

一、生成元件封装库

首先应输出当前PCB的元件封装库，从而使文件分享更加方便。单击【设计】→【生成PCB库】，即可在工程中生成与PCB同名的PcbLib库。这个封装库会自动载入到工程的【Libraries】中，如图4-5-1所示。

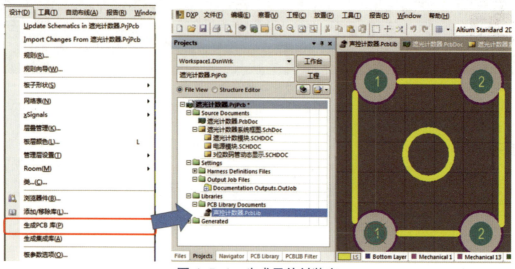

图4-5-1　生成元件封装库

二、PCB 3D STEP 模型输出

在 PCB 文件中，单击【文件】→【Export】→【STEP 3D】，在弹出来的【Export File】对话框中选择保存路径和输入导出文件的名称，即可导出当前 PCB 的 3D STEP 文件，如图 4-5-2 所示。

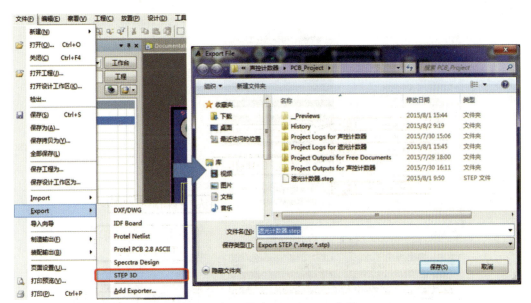

图 4-5-2　导出 3D STEP 文件

三、建立 OutJob 输出工作文件，输出工程信息文档

PCB 的 3D STEP 文件输出完成后，还需要输出 PDF 文件、BOM 文件、Gerber 加工制造文件等。这里推荐使用 Altium Designer 中的 OutJob 文件，来统一输出这些工程信息文件。

1. 建立 OutJob 输出工作文件

首先在工程中新建一个 OutJob 文件。单击【文件】→【新建】→【输出工作文件】，建立 OutJob 输出工作文件，其默认命名为 Job1.OutJob。将其保存并更名为"遮光计数器 OutPuts.OutJob"。这个文件会自动加入工程中 Settings 文件夹下的 Output Job Files 文件夹中，如图 4-5-3 所示。

图 4-5-3　新建 OutJob 输出工作文件

2. 输出 PDF 打印文件

如图 4-5-4 所示，在 OutJob 文件的 Documentation Outputs 目录下分别新建以下 3 个文件：

① Schematic Prints（所有工程原理图输出）；

② PCB Prints；

③ PCB 3D Print。

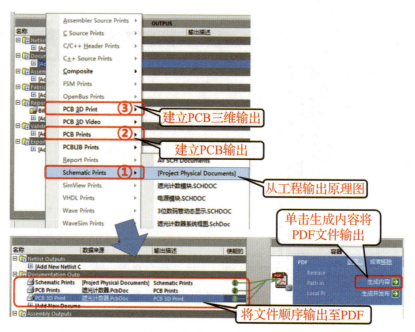

图 4-5-4　新建 PDF 打印输出

其 PDF 输出效果如图 4-5-5 所示。

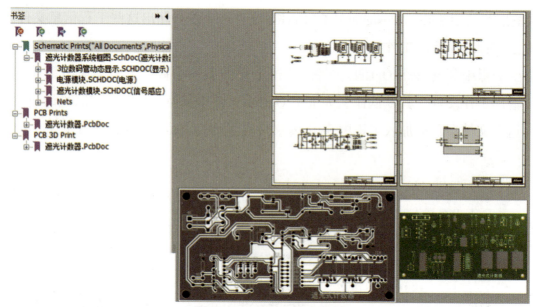

图 4-5-5　PDF 输出效果

3. BOM 元件清单

在 OutJob 文件的 Report Outputs 目录下新建 Bill Of Materials 文件，选择其数据来源为当前工程【Project】。双击配置其属性，其设置方法如图 4-5-6 所示。

项目 4 遮光计数器单面 PCB 设计与制作

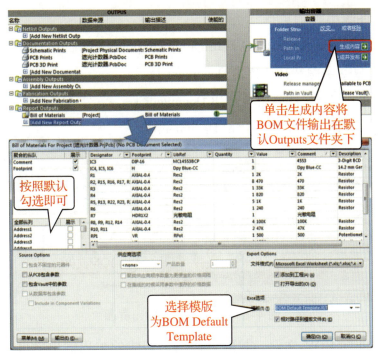

图 4-5-6 BOM 元件清单配置及输出

最终生成的 BOM 文件如图 4-5-7 所示。

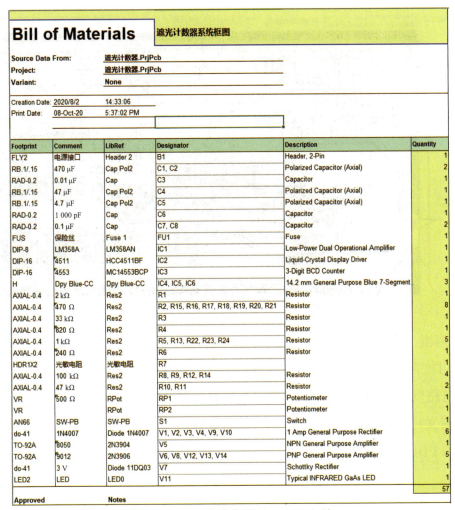

图 4-5-7 最终生成的 BOM 文件

4. PCB 工程文件输出

如图 4-5-8 所示，在 OutJob 文件的 Fabrication Outputs 目录下分别新建以下 3 个文件：

① Gerber Files，数据来源选择【PCB Document】；

② Gerber X2 Files，数据来源选择【PCB Document】；

③ NC Drill Files，数据来源选择【PCB Document】。

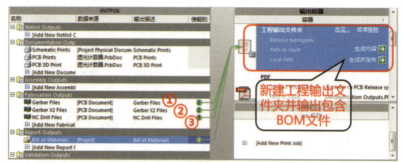

图 4-5-8　工程文件输出界面

将上述 3 个文件连同 BOM 文件一起配置输出至新建的工程输出文件夹中，单击生成内容即可在本 PCB 工程中顺序输出当前 PCB 的各个工程文件。可双击预览生成的工程文件，如图 4-5-9 所示。

图 4-5-9　输出的工程及其预览

5. 装配图输出

单面 PCB 可能需要自制或为了节约成本而无丝印层工艺，此时就需要输出电路的装配图，即手工输出本电路丝印层与装配孔。在 OutJob 文件 Documentation Outputs 目录下新建装配图文件。双击装配图文件，打开其配置属性对话框配置参数，如图 4-5-10 所示。将装配图输出到新建的【装配图 PDF 输出】容器中。

项目 4　遮光计数器单面 PCB 设计与制作

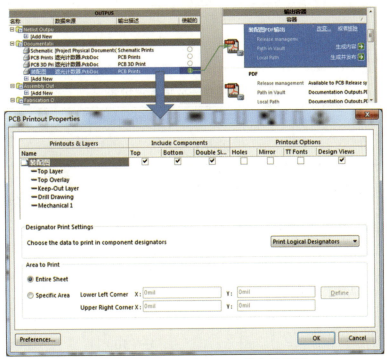

图 4-5-10　新建装配图及其参数配置

单击生成内容图标后，即可输出图 4-5-11 所示的装配图。

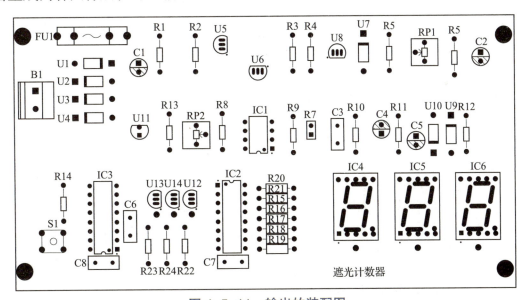

图 4-5-11　输出的装配图

知识回顾

通过本任务的学习，对遮光计数器的 PCB 工程信息文档输出进行了实战演练，懂得了以下 3 点：

①生成元件封装库；

②PCB 3D STEP 模型输出；

③建立 OutJob 输出工作文件，输出工程信息文档。

 **项目评价**

项目 5 完成情况评价表综表 4 所示。

综表 4　项目完成情况评价表

项目名称			评价时间	年　月　日			
小组名称			小组成员				
评价内容	评价要求	权重	评价标准	学生自评得分	小组评价得分	教师评价得分	合计
职业与安全意识	1. 操作符合安全操作规程 2. 遵守纪律、爱惜设备、工位整洁 3. 具有团队协作精神	10%	好（10） 较好（8） 一般（6） 差（<6）				
遮光计数器电路原理图绘制	1. 能够创建遮光计数器工程文件 2. 能够使用层次电路图 3. 能够生成遮光计数器元件封装库 4. 同步比较选项正确	10%	好（10） 较好（8） 一般（6） 差（<6）				
PCB 中元件的布局和走线质量	1. PCB 元件布局合理，模块的选择应符合模块的要求 2. 根据需要选择不同颜色的导线进行连接，导线连接可靠，走线合理，扎线整齐美观	15%	好（15） 较好（12） 一般（9） 差（<9）				
项目功能测试	1. 编写的程序能成功编译 2. 程序能正确烧写到芯片中 3. 通过按下启动按键能够使数码管正确显示温度	60%	好（60） 较好（48） 一般（36） 差（<36）				
问题与思考	1. 哪些常用快捷键的使用能加快绘制电路图的速度 2. 如何判断 PCB 设计的好坏 3. 本项目中你有哪些收获	5%	好（5） 较好（4） 一般（3） 差（<3）				
教师签名			学生签名			总分	
项目评价 = 学生自评（0.2）+ 小组评价（0.3）+ 教师评价（0.5）							

项目 5 直流电动机控制器多板系统设计

项目布置

1. 能创建 Multi-board 工程，导入用于多板设计的 PCB 项目。
2. 能绘制直流电动机控制器的多板原理图，设置连接端口属性。
3. 能进行多板装配体配对。

项目分析

如今的电子产品设计通常由多个 PCB 设计组成，这些 PCB 设计相互连接以创建完整的功能系统。从带有主板和前面板 LCD 模块的设计到带有插槽的复杂有源背板系统，所有的这些都被实现为一个具有多个板设计的系统。

这需要一个高级设计系统，用以将多个子项目 PCB 设计的电气和物理连接在一起，同时保持其引脚和网络连接的完整性。Altium Designer 以专用的多板设计环境的形式支持集成的系统级设计，该环境同时具有系统设计的逻辑（示意图）和物理（PCB）方面。

项目流程

项目流程如图 5-0-1 所示。

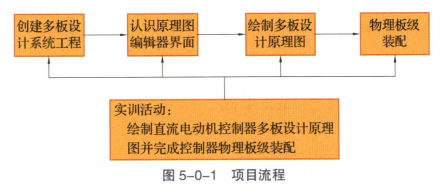

图 5-0-1　项目流程

 创建 Multi-board 项目工程

任务内容

1. 创建一个新的 Multi-board 工程。
2. 添加文件到 Multi-board 工程中。
3. 设置用于多板设计的 PCB 项目。
4. 从工程中删除文件。
5. 以新名字另存文件。

任务完成

一、创建一个新的 Multi-board 工程

单击【文件】→【新的】→【项目】，弹出【Create Project】对话框。在对话框中列出了可以创建的各种工程类型。单击选择【Multiboard】工程类型，再选择【Default】默认工程模版，最后选择工程存放路径，改好工程文件名，单击【Create】按钮保存即可。启动主菜单步骤如图 5-1-1 所示。

 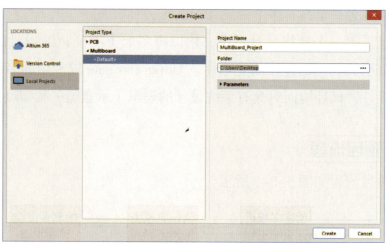

图 5-1-1　启动主菜单步骤

二、添加文件到 Multi-board 工程

1. 添加新文件

在【Projects】面板中，右击所创建的工程，在弹出的快捷菜单中执行【添加新的…到工程】命令，在二级菜单中再选择需要的子图文件。例如，绘制 SCH 原理图文件，可以选择【Multi-board Schematic】选项，添加新文件步骤如图 5-1-2 所示。如果界面中没有出现

【Projects】面板，则单击右下角【Panels】按钮，在弹出的菜单中选择【Projects】选项，就会打开【Projects】面板。

2. 保存文件

添加好新文件以后，对新文件应及时保存。注意子图文件保存路径应与对应的工程文件存放路径一致。在原理图编辑环境中单击【文件】→【另存为】，弹出【Save ［MultiBoardSchematic1.MbsDoc］AS】对话框，选择保存路径，在【文件名】文本框内输入新文件名，单击【保存】按钮，如图 5-1-3 所示。

图 5-1-2　添加新文件步骤

图 5-1-3　保存文件

三、设置用于多板设计的 PCB 项目

多板系统设计中子板设计的 Altium Designer PCB 项目将包含特定的连接器，如边缘连接器或接头插头/插座，这些连接器包含在系统设计中或与其他 PCB 的电气和物理接口中。

这些连接器及其相关的电气网络需要通过多板原理图（逻辑）设计文档进行检测和处理，以便在系统级设计中建立板间连接性。通过设置 PCB 项目中连接器的属性，在【Properties】对话框中，单击【Add】按钮，添加【Parameter】参数，将名称修改为【System】，值修改为【Connector】，以启用此功能。这里我们采用项目 2 中所使用的直流电动机控制电路来展示多板设计的 PCB 项目。操作过程如图 5-1-4 所示。

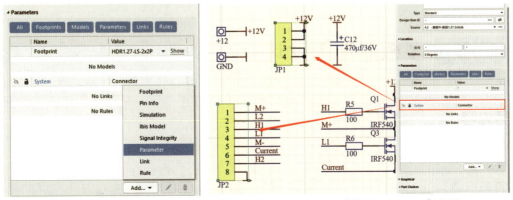

图 5-1-4　【Properties】对话框中添加【System】【Connector】参数

四、从工程中删除文件

工程文件是一个系统的组合,所以从工程中删除文件也有规定步骤。删除方法有很多,在这里介绍比较简单的快捷菜单方式。在【Projects】面板中,右击想要删除的文件,在弹出的快捷菜单中执行【从工程中移除】命令,如图 5-1-5 所示。

五、以新名字另存文件

在原工程文件已经被保存的前提下,可以右击,在弹出的快捷菜单中单击【文件】→【另存为】,在弹出的对话框中注明新的名字来保存工程文件,如图 5-1-6 所示。

图 5-1-5　从工程中删除文件

图 5-1-6　以新名字另存文件

知识回顾

通过本任务的学习,对多板设计原理图界面有了整体的认识,懂得了以下 5 点:
① 新建多板原理图文件的方法;
② 菜单栏和工具栏常用命令;
③ 设置用于多板设计的 PCB 项目;
④ 绘制多板原理图;
⑤ 编辑连接器属性等。

　多板原理图设计

任务内容

1. 新建多板原理图文件。
2. 绘制多板原理图。

任务完成

一、新建多板原理图文件

在【Projects】面板中,右击新建的工程,在弹出的快捷菜单中单击【添加新的…到工程】→【Multi-boardSchematic】,【Projects】面板中将出现一个新的原理图文件,MultiBoardSchematic1.MbsDoc 为新建文件的默认名称,如图 5-2-1 所示。

图 5-2-1 添加新的文件到工程

1. 多板原理图编辑器界面

多板原理图编辑器界面主要由菜单栏、工具栏、面板标签、状态栏等组成,如图 5-2-2 所示。

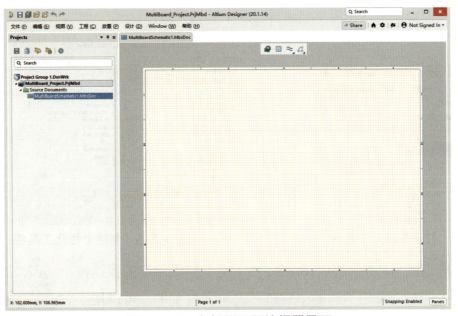

图 5-2-2 多板原理图编辑器界面

2. 主菜单栏

Altium Designer 20 设计系统对于不同类型的文件操作,其菜单栏的内容会发生相应的改变。在多板原理图编辑器环境下,菜单栏会变成图 5-2-3 所示形式,而多板原理图的各种编辑都可以通过菜单中的相应命令来完成。

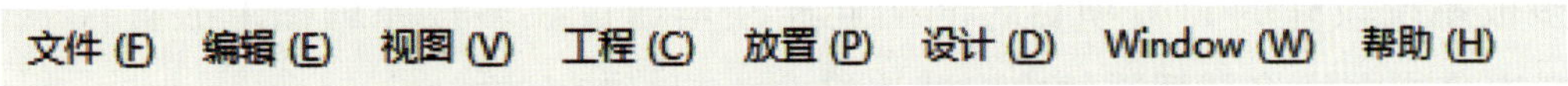

图 5-2-3 多板原理图编辑器环境下的菜单栏

【文件】菜单:主要用于文件的新建、打开、关闭、保存与打印等操作。

【编辑】菜单:用于对象的选取、复制、粘贴与查找等编辑操作。

【视图】菜单:用于视图的各种管理,如工作窗口的放大与缩小,各种工具、面板、状态栏及节点的显示与隐藏等。

【工程】菜单：用于与工程有关的各种操作，如工程文件的打开与关闭、工程文件的编译及比较等。

【放置】菜单：用于放置原理图中的各组合部分。

【设计】菜单：用于运行 DRC、更新子项目等操作。

【Window】（窗口）菜单：可对窗口进行各种操作。

【帮助】菜单：用于辅助操作。

3. 工具栏

在 MultiBoardSchematic1.MbsDoc 原理图设计界面中，Altium Designer 20 提供了功能强大的工具栏，这里主要介绍绘制 MultiBoardSchematic1.MbsDoc 原理图的常用工具栏。

打开自定义工具栏如图 5-2-4 所示，单击【视图】→【工具栏】→【自定义】，弹出图 5-2-5 所示的【Customizing SchDoc Editor】对话框（定制原理图编辑器），在该对话框中可以对工具栏进行增减等操作，以便用户创建自己的个性化工具栏。

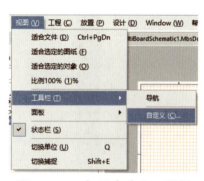

图 5-2-4　打开自定义工具栏

图 5-2-5　创建个性化工具栏

多板原理图编辑器环境下的工具栏提供了用于放置命令的快捷按钮，如图 5-2-6 所示。按钮下部的小三角形表示下拉菜单，可以用于访问其他相关命令。单击并按住按钮打开其菜单。为了帮助重复放置对象，按钮图标和功能将主动更改以显示上一次使用的菜单选项。

图 5-2-6　多板原理图编辑器环境下的工具栏

二、绘制多板原理图

1. 添加 PCB 项目设计模块

组成多板系统设计的 PCB 项目之间的连通性是通过在多板原理图上放置代表性的模块，并使用虚拟连接或电线将其裸露的连接器连接在一起而建立的。

单击【模块】按钮 ，放置至原理图中，使用属性面板定义【Source】属性为【控制板.PrjPcb】，【Assembly/Board】属性为【控制板.PcbDoc】，操作过程如图 5-2-7 所示。将项目 2 所绘制的直流电动机控制的控制板与驱动板的 PCB 工程添加好以后，如图 5-2-8 所示，PCB 项目工程文件均已加载在多板系统设计工程目录下。

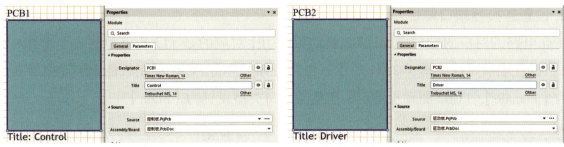

图 5-2-7　设置 PCB 模块属性

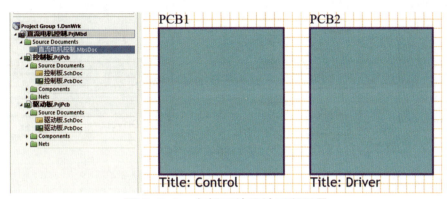

图 5-2-8　多板系统设计工程目录

2. 导入连接器端口

可以通过单击【设计】→【从子项目导入】，如图 5-2-9 所示，把之前设置的【System】：【Connector】参数的连接器端口导入至 PCB 模块上。导入后对应的 PCB 模块上显示之前设置的对应的连接器端口，如图 5-2-10 所示。

图 5-2-9　从子项目导入连接器端口

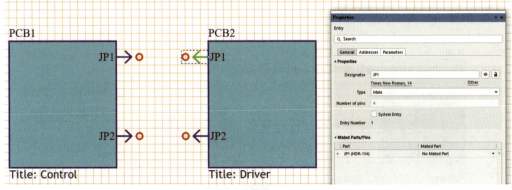

图 5-2-10　PCB 模块显示对应的连接器端口

3. 设置连接器端口属性

在此电路的对应的端口中，PCB2 驱动板的 JP1 对应的是 +12 V 电源输入至 PCB1 控制板的 JP1。设置端口属性如图 5-2-11 所示，由图可知，应将 PCB1 控制板的 JP1 连接器端口类型设置为【Female】，PCB2 驱动板的 JP1 连接器端口类型设置为【Male】。

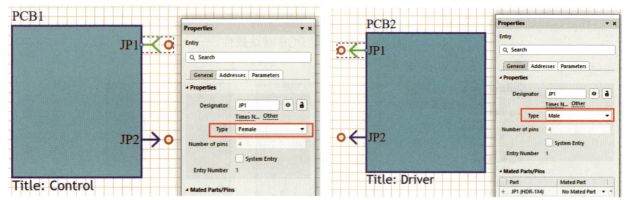

图 5-2-11　设置端口属性

4. 连接子项目模块

若要将子项目模块中的连接器连接在一起，则需要在模块连接器端口之间放置逻辑连接。原理图编辑器环境下的活动栏与【放置】菜单栏中提供了多种连接类型，其中【直接连接】指的是插接在一起的连接器，【线缆】指的是使用导线连接在一起的连接器，如图 5-2-12 所示，单击【直接连接】并拖动连接线创建逻辑连接。连接好以后单击连接线可以看到【Properties】对话框中对应连接器的端口网络参数，如图 5-2-13 所示。

图 5-2-12　【放置】菜单栏

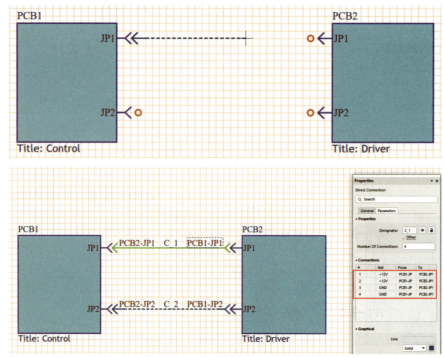

图 5-2-13　连接器的端口网络参数

5. 分割连接器端口

在子项目连接器和一个或多个项目连接的情况下，可以使用多板原理图编辑器环境下的【拆分】功能对源连接器进行逻辑划分，可以按照引脚进行划分。

如果要拆分连接，则先选择模块，在【Properties】对话框中单击【Split】按钮，然后在弹出的【Split Entry】对话框中，检查设置需要拆分到另一个接插件的引脚，这里我们选中电源的 +12 V 引脚，单击【Accept】按钮确认。多板原理图编辑器将分离出来的引脚自动创建一个新的端口，并根据需要将其连接到其他的模块，如图 5-2-14 所示。

图 5-2-14　分割连接器端口

连接已分割连接器如图 5-2-15 所示，PCB1 控制板模块中的 JP1 已经分出 +12 V 与 GND 电源。在这里只是示范如何连接已分割连接器端口，在实际使用中可以将一个连接器分开连接至多个连接，并编辑连接网络。选中其中一条虚拟线，可以看到属性区域中输入与输出的任意一端，还包括其条目名称、引脚与网络名。

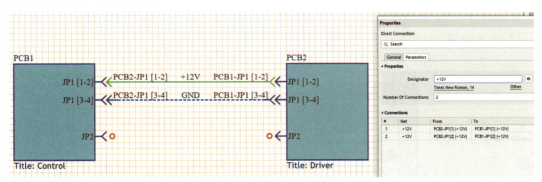

图 5-2-15　连接已分割连接器

6. 连接管理器

在模块间建立连接以后，可以单击【设计】→【连接管理器】，如图 5-2-16 所示。多板系统设计中的整体连接性在【连接管理器】中有详细的连接说明。这里列出了连接器的连接指示符和类型分组中所有的网络与引脚分配，包括模块的连接器名称和网络名，以及输入/输出连接器，单击【Connection Manager】对话框的【Show Mated Pins】按钮可以在列表中显示详细信息。

图 5-2-16　打开【连接管理器】

【Connection Manager】对话框下部的【Select conflict connection】区域将更新当前多板系统设计与子项目之间的任何连接冲突，如图 5-2-17 所示。

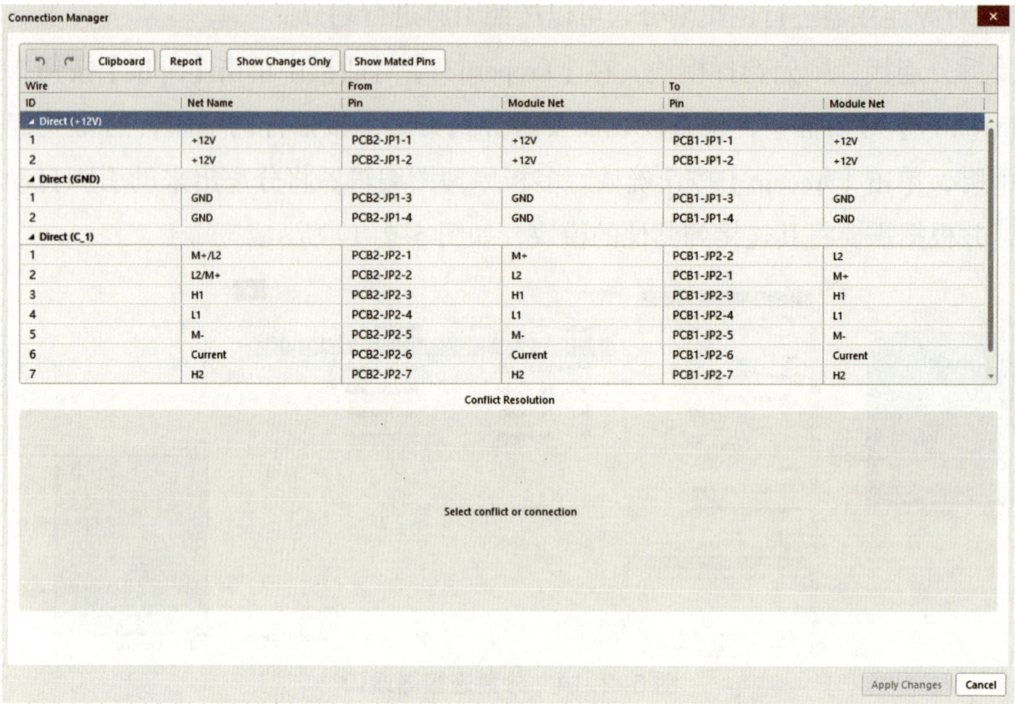

图 5-2-17　【Connection Manager】对话框

7. 系统设计更新

在多板系统设计过程中，可能还需要修改子项目，并将这些更改更新至系统设计之中使其同步，通过工程变更将设计重新导入到多板系统设计中，从而可以实现此更新过程。

单击【设计】→【更新子项目】，从系统设计中的所有的子项目导入更改，右击，再单击【设计】→【从选定子项目导入】，可以导入更新当前选中的模块的连接数据，如图 5-2-18 所示。

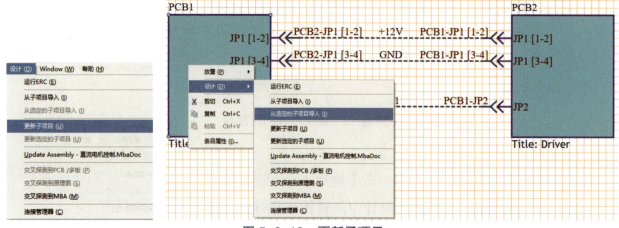

图 5-2-18　更新子项目

执行系统设计更新以后将弹出【工程变更指令】对话框，此对话框将记录当前系统设计连接和已从子项目中导入的连接数据之间的所有差异，单击【执行变更】按钮，将子项目的连接数据更新至多板设计系统中，如图 5-2-19 所示。

图 5-2-19 【工程变更指令】对话框

8. 解决子项目连接器冲突

子项目模块中连接器的引脚不一定是匹配的，尤其是将连接器分成几个部分连接到不同的 PCB 模块中，故要编辑或纠正模块之间的引脚匹配。

控制板与驱动板之间的两个连接器网络中的 L2 与 M+ 网络是不匹配的，故要将数据更新至多板系统设计原理图中，再打开【连接管理器】，如图 5-2-20 所示。可以发现【Connection Manager】对话框中突出显示网络信息并建议更改，如图 5-2-21 所示。

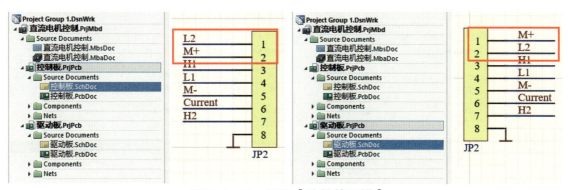

图 5-2-20 打开【连接管理器】

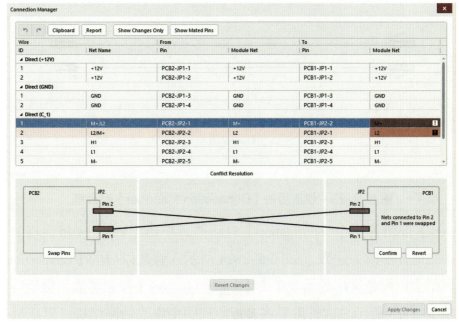

图 5-2-21 【Connection Manager】对话框显示结果

单击【Confirm】按钮弹出【Confirmation】对话框，单击【Yes】按钮可以解决此冲突并可应用于所有相同类型的冲突中，如图 5-2-22 所示。校正后的【Connection Manager】对话框如图 5-3-23 所示，修改的网络会以绿色突出显示。单击【Apply Changes】按钮将应用更新后，分配至多板系统设计。这里需要注意的是，应用了冲突解决方案以后，界面中显示的网络名称不会改变，因为它们代表子项目系统设计中的网络名称。

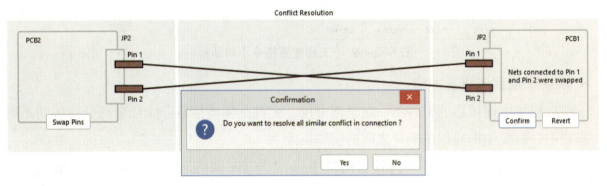

图 5-2-22　单击【Confirm】按钮

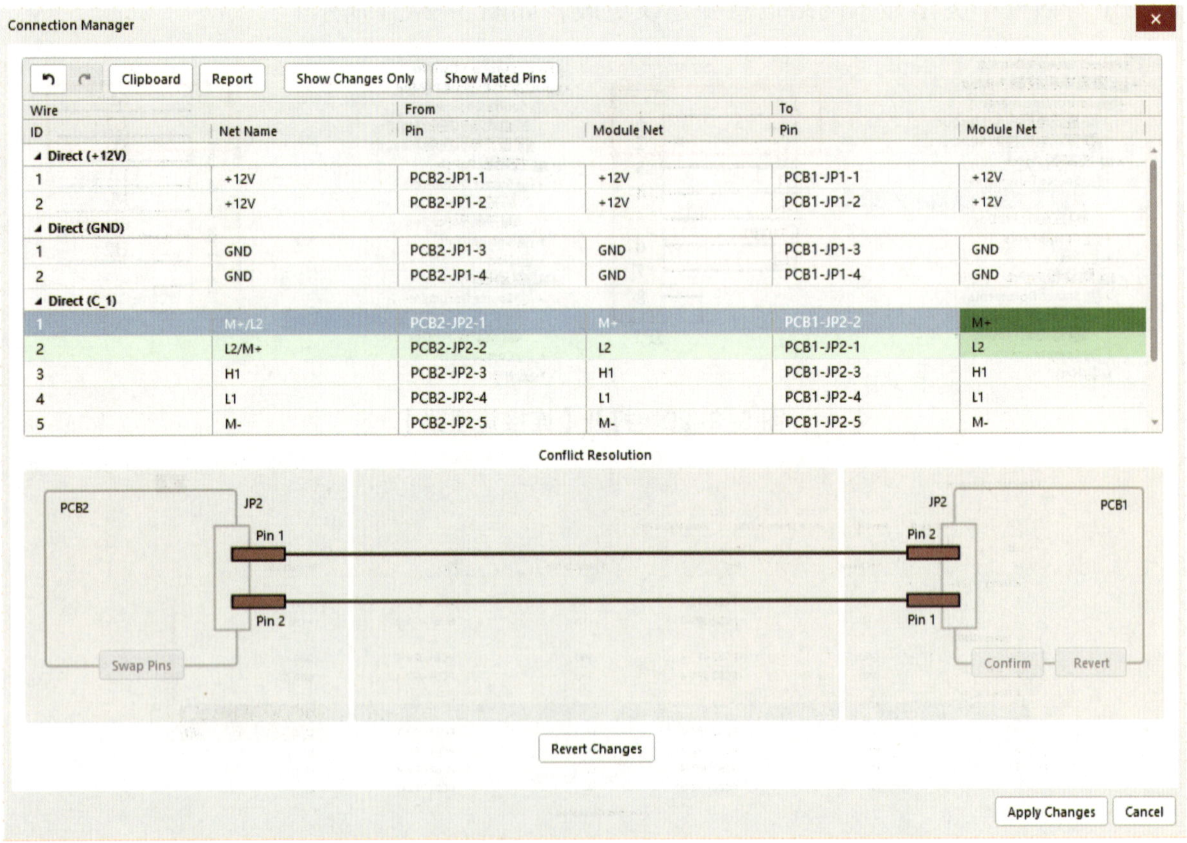

图 5-2-23　校正后的【Connection Manager】对话框

单击【Revert】按钮弹出【Confirmation】对话框，单击【Yes】按钮会将 PCB1 控制板的 JP2 网络不一致的地方修改为一致，如图 5-2-24 所示。修改以后的【Connection Manager】对话框中修改的网络会以绿色突出显示。单击【Apply Changes】按钮将应用更新后，分配至多板系统设计，如图 5-2-25 所示。这里需要将多板原理图中修改的网络接口更新至子项目中，单击【设计】→【更新子项目】，如图 5-2-26 所示，弹出【工程变更指令】对话框，查看变更的指令是否是修改的网络，单击【执行变更】按钮，如图 5-2-27 所示。变更后接插件的原理图已经变更且已经与 PCB1 控制板中 JP2 网络参数一致，如图 5-2-28 所示。这里需要注意的是，此更新仅仅只更新原理图，更新完成以后需要自行从原理图再更新至 PCB 并修改。

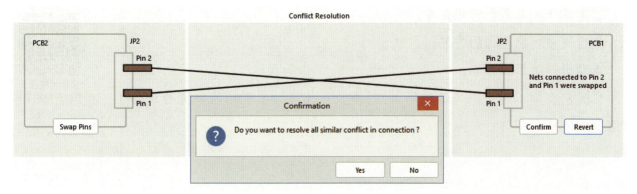

图 5-2-24 单击【Revert】按钮

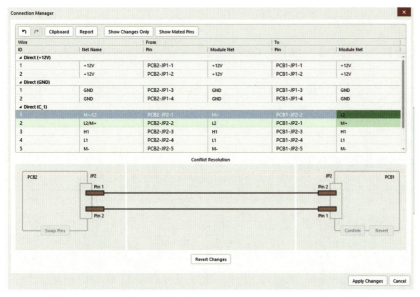

图 5-2-25 修改后的【Connection Manager】对话框

图 5-2-26 更新子项目

图 5-2-27 【工程变更指令】对话框

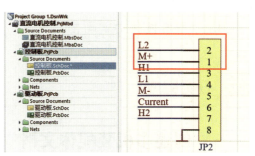

图 5-2-28 变更后的原理图

知识回顾

通过本任务的学习，对多板设计原理图编辑器界面有了整体的认识，懂得了以下4点：
①新建多板原理图文件的方法；
②菜单栏和工具栏常用命令；
③绘制多板原理图的方法；
④编辑连接器属性等。

同时，在知识链接中（二维码），对多板系统设计原理图绘制流程进行了介绍。

扫一扫
知识链接
多板系统设计
原理图绘制流程

任务3　创建物理板级装配

任务内容

1. 创建多板装配体文档。
2. 多板装配编辑器界面。
3. 将多板系统设计原理图更新至多板装配文档。
4. 熟悉工作区坐标轴。
5. 熟悉工作区操作方式。
6. 熟悉多板装配体配对。
7. 熟悉更新或编辑装配体。
8. 熟悉切换投影视角。
9. 向多板装配体添加其他对象。
10. 了解装配体的剖面图。

任务完成

一、创建多板装配体文档

首先根据项目2创建的"直流电动机控制器.PrjMbd"多板项目，来创建一个"直流电动机控制器.MbsDoc"多板组件文件，如图5-3-1所示。添加好新文件以后，对添加的新文件应及时保存。注意子图文件保存路径应与对应的工程文件存放路径一致。右击，再单击【文件】→【另存为】，弹出【Save [Assembly1.MbaDoc] AS】对话框，选择保存路径，在【文件名】文本框内输入新文件名，单击【保存】按钮，如图 5-3-2 所示。

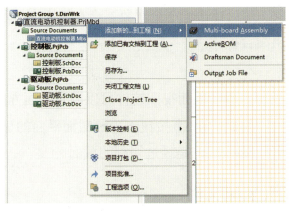

图 5-3-1　创建"直流电动机控制器.MbsDoc"文件

图 5-3-2　保存多板组件文件

二、多板装配编辑器界面

多板装配编辑器界面主要由菜单栏、工具栏、面板标签、状态栏等组成，如图 5-3-3 所示。

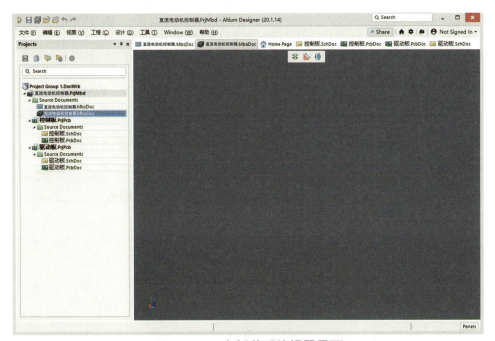

图 5-3-3　多板装配编辑器界面

与原理图和 PCB 一致，多板装配编辑器在工作区顶部也有一个活动栏，如图 5-3-4 所示。所有的编辑控件都位于活动栏上，包含配合模式、测量模式和切换视图模式。

图 5-3-4　工作区活动栏

1. 配合模式

单击 按钮切换到配合模式。当光标在导入的 3D 体平面上移动时，其将突出显示每个面上合适的配合部位。必须同时指定 2 个面用于配合，当选择第 2 个面时，第 1 个面会与第 2 个面贴合。按〈Esc〉键退出配合模式。

2. 测量模式

单击 按钮切换到测量模式，单击第 1 个对象，然后单击第 2 个对象，会在界面中显示 2 个表面或边缘之间最接近的距离。按〈Esc〉键退出配合模式。

3. 切换视图模式

单击 按钮切换到切换视图模式，显示截面平面，拖动截面视图控件可以调整平面方向，将光标悬停在 3D 体中，可以将 3D 切割显示其截面。再次单击 按钮将隐藏截面平面的显示控件，只单独显示其截面视图，此时若再拖动 3D 体，则拖动的是经过切割的截面。

三、将多板系统设计原理图更新至多板装配文档

在多板装配设计前需要将多板系统设计原理图的文件转移到多板装配文件中。在多板原理图编辑器主菜单中单击【设计】→【Update Assembly – 直流电动机控制器 .MbaDoc】，如图 5-3-5 所示。弹出【工程变更指令】对话框，如图 5-3-6 所示，单击【执行变更】按钮，如图 5-3-7 所示，此时软件将查询多板系统设计原理图的每个模块，将每个子项目选择的 PCB 文件添加至多板装配，因为需要分析加载每个 PCB 的完整数据，所以这个过程会比较长。加载完成后，回到多板装配编辑器界面，可以看到，多板装配中已经将控制板与驱动板的 PCB 装配体导入，如图 5-3-8 所示。

图 5-3-5 多板装配导入原理图

图 5-3-6 【工程变更指令】对话框

图 5-3-7 单击【执行变更】按钮

项目 5 直流电动机控制器多板系统设计 153

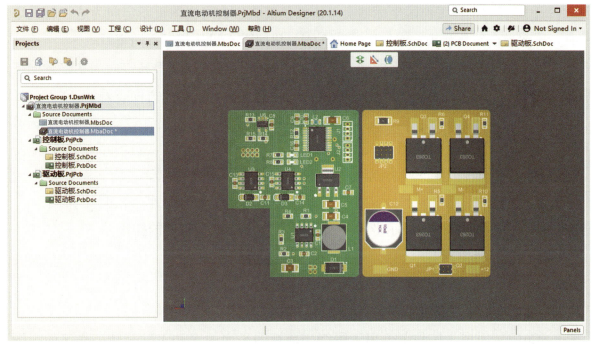

图 5-3-8 PCB 模型成功导入多板装配

四、工作区坐标轴

在多板编辑器界面左下角有一个红绿蓝轴标记，是整个工作区的轴坐标，如图 5-3-9 所示。当我们选择导入的其中一个 PCB 时，会显示另外一个坐标轴，这是这个元件本身的坐标轴，如图 5-3-10 所示。

图 5-3-9 工作区坐标轴

每个工作空间轴及其对应的平面都有对应的颜色。

蓝色箭头：Z 轴，进入 XY 平面，可以将其视为俯视图或仰视图。

红色箭头：X 轴，进入 YZ 平面，可以将其视为主视图或后视图。

绿色箭头：Y 轴，进入 XZ 平面，可以将其视为左视图或右视图。

进入各个平面均有快捷键，按〈Z〉键或者是在工作区坐标轴上单击蓝色箭头，均会将视图重新定向为从 Z 轴向下进入 XY 平面。再次单击蓝色箭头，或按〈Shift+Z〉快捷键，将从相反方向查看。

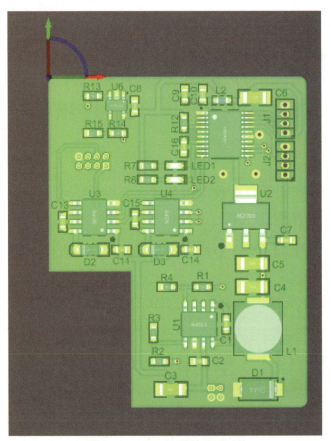

图 5-3-10 装配体坐标轴

按〈X〉键或者是在工作区坐标轴上单击红色箭头，会将视图重新定向为从 X 轴向下进入 YZ 平面。再次单击红色箭头，或使用〈Shift+X〉快捷键，将从相反方向查看。

按〈Y〉键或者是在工作区坐标轴上单击绿色箭头，会将视图重新定向为从 Y 轴向下进入 XZ 平面。再次单击绿色箭头，或使用〈Shift+Y〉快捷键，将从相反方向查看。

五、工作区操作方式

如果需要调整对应工作区显示方式，则可以使用以下 3 种操作方式。

1. 右击

右击拖动当前平面视图，显示平移手型光标，类似于 PCB 板中的操作。

2.〈Ctrl〉+ 鼠标滚轮

〈Ctrl〉+ 鼠标滚轮可用于放大或缩小当前平面视图。

3.〈Shift+Ctrl〉+ 右击（按住）

〈Shift+Ctrl〉+ 右击（按住）可用于围绕当前视图平面的 X 和 Y 轴旋转工作区的视图，单击和拖动位置定义旋转中心，向上或向下拖动可围绕当前视图平面 X 轴旋转视图，向左或向右拖动可围绕当前视图平面 Y 轴旋转视图。

六、多板装配体配对

机械 CAD 软件中，在空间中关联两个对象的概念是设计过程的基本部分，该过程是将这两个对象配对在一起的过程。将两个对象配对后，可以将它们作为单个对象进行操作。然后可以将这些配对的对象与另一个对象配对，并通过此过程将一组离散的对象形成一个组件，这是机械设计的本质。原则上，经过配对后的对象已经对齐，不再通过对齐和定位来关联。

配对是在两个单独的对象之间形成的连接。连接位于每个对象表面上用户选择的位置。经过配对后，对象将重新定向，因此其表面和垂直轴对齐。

1. 定义配对

控制板与驱动板接口位置如图 5-3-11 所示，我们需要将控制板放置于驱动板的上方，这里我们可以使用软件中的定义配对，按以下步骤来操作。

单击 按钮切换到配合模式。先选中驱动板上的 JP2 公口的一个平面，单击，此时已经选中了第 1 个平面，如图 5-3-12 所示。

按住〈Shift〉键，右击，翻转至驱动板的背面，选中驱动板上的 JP2 的母口接插件的第 2 个平面，如图 5-3-13 所示。

此时初步的配对已经成功，可以看到控制板已经位于驱动板的上方，接插件也已经初步连接，如图 5-3-14 所示。操作过程中可按〈Esc〉键退出配合模式。

项目 5　直流电动机控制器多板系统设计

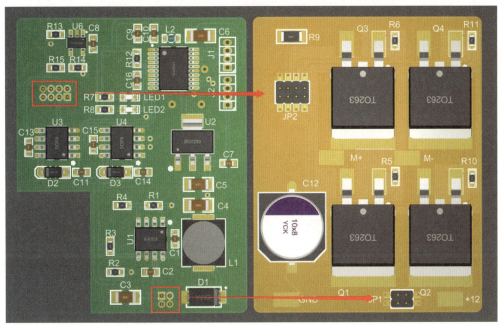

图 5-3-11　控制板与驱动板接口位置

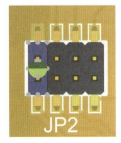

图 5-3-12　选中接插件的平面

图 5-3-13　选中另一侧接插件的平面

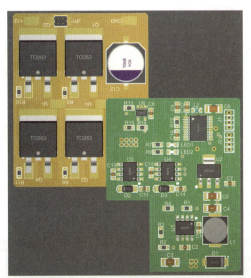

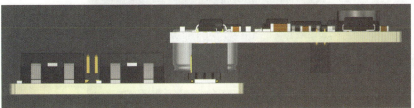

图 5-3-14　初步配对

2. 修改配对

图 5-3-15 中，虽然控制板已经移动到驱动板上方，但是其位置不是我们想要的结果，所以我们需要修改配对的参数来达到我们想要的效果，可按以下步骤来操作。

单击操作界面右下角的【Panels】按钮，打开【Multiboard Assembly】对话框，如图 5-3-15 所示。

此时双击【Mates】，会弹出【Properties】对话框，如图 5-3-16 所示。【Distance】代表的是之前匹配的 2 个面之间的距离；【Offset（X/Y）】代表的是 2 个面 X 轴与 Y 轴之间的位移；【Orientation】可以修改 2 个面之间的相对位置，一个是反面，一个相同面；【Rotation】则是修改面的方向。

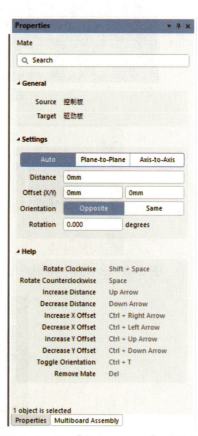

图 5-3-15　打开【Multiboard Assembly】对话框　　图 5-3-16　【Properties】对话框

这里我们只需要将对应面的方向改为 180°，可以看到显示控制板已经正好位于驱动板的上方，接插件也已经连接，如图 5-3-17 所示。

图 5-3-17　修改方向参数

放大装配体发现，接插件并未正确连接在一起，所以我们需要调整 X 轴位移参数，将控制板左移，如图 5-3-18 所示。这里我们设置 X 轴位移值为 –4.7 mm，如图 5-3-19 所示。此时公、母接插件已经正确贴合，如图 5-3-20 所示。

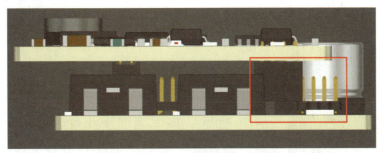

图 5-3-18　接插件未正确连接

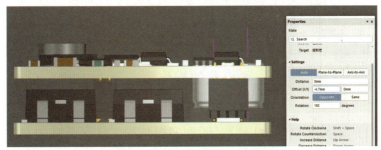

图 5-3-19　修改位移参数

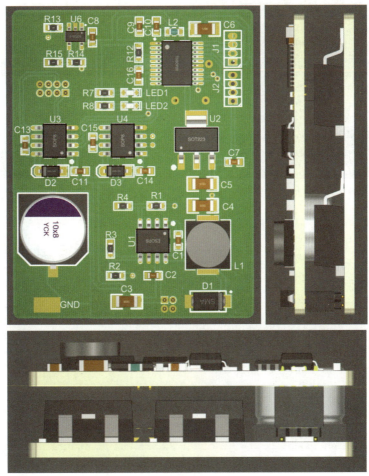

图 5-3-20　修改完成后的效果

3. 删除配合

添加配合以后，2块PCB默认已装配成为一个整体，拖动时以整体拖动，如果需要删除配合，则需打开【Multiboard Assembly】对话框，右击删除配合，如图5-3-21所示。

七、更新或编辑装配体

在装配过程中如果需要修改对应PCB元件的位置，则可以

图 5-3-21 删除配合

图 5-3-22 编辑装配体

按图5-3-22选中装配体并右击选择编辑所选部件，如图5-3-23所示。随后单击此PCB装配体中所有的元器件，此时都是可以移动的。图5-3-24中，移动了U2以后，右击，再单击【结束部件编辑】，如图5-3-24所示，此时会弹出【工程变更指令】对话框，如图5-3-25所示，提示会将U2位置更改的操作更新至PCB中，单击【执行变更】按钮，我们发现PCB中的U2位置已经更改，如图5-3-26所示。

我们将PCB中U2的走线重新更改以后，回到多板装配工作区，选中PCB中修改过的控制板，右击，再单击【更新所选部件】，我们发现装配体中PCB的走线已经更新，如图5-3-27所示。

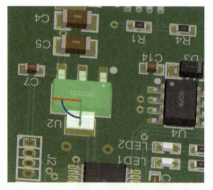

图 5-3-23 编辑装配体中的元件

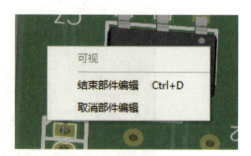

图 5-3-24 结束部件编辑

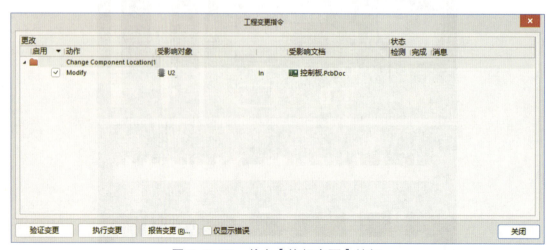

图 5-3-25 单击【执行变更】按钮

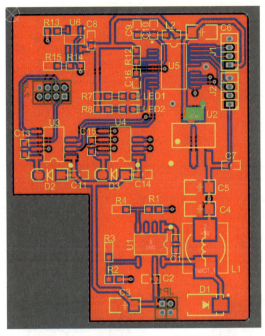

图 5-3-26 PCB 中 U2 位置被更改

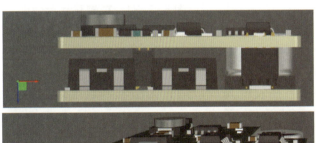

图 5-3-27 更新所选部件

八、切换投影视角

可以通过在主菜单中单击【视图】→【切换投影类型】，或使用快捷键〈P〉，将装配体编辑器视图更改为透视或正视，2 种投影效果如图 5-3-28 所示。

透视图是三维图像的视图，描绘了更真实的图像或图形的高度、宽度和深度。

其中，正视图是通过将对象投影到和通常定位于对象的一个平面平行的平面上而创建的三维对象的视图。

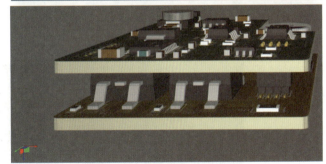

图 5-3-28 2 种投影效果

九、向多板装配体添加其他对象

在多板装配中，我们经常需要导入 CAD 软件绘制的机械外壳，或者是多板系统设计原理图中引用的 PCB。单击【设计】可以导入想要的部件，如图 5-3-29 所示。在这里我们示范导入 Step 格式的机械外壳与导线，操作过程如图 5-3-30 所示。

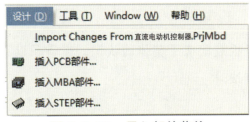

图 5-3-29 导入部件菜单

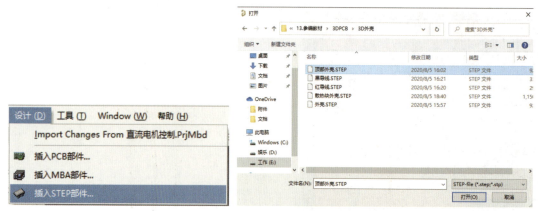

图 5-3-30　导入机械外壳及导线

然后我们通过配合模式，将外壳、导线与 PCB 装配在一起，位置移动后效果如图 5-3-31 所示，装配完成效果如图 5-3-32 所示。

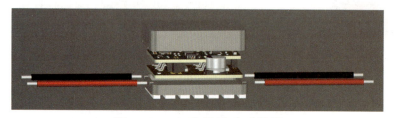

图 5-3-31　位置移动后效果

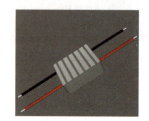

图 5-3-32　装配完成效果

十、装配体的剖面图

在装配完成以后，无法看到装配体的内部情况，所以可以通过剖视图来揭示装配体内不可见的细节。单击工作区活动栏中的 按钮切换到切换视图模式，将显示一个三维坐标系，拖动坐标系可以截取当前装配体的剖面，如图 5-3-33 所示。

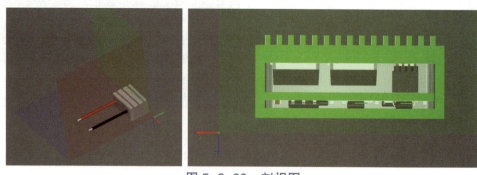

图 5-3-33　剖视图

知识回顾

通过本任务的学习，对多板装配有了整体的认识，懂得了以下 4 点：

①新建多板装配文件的方法；

②更新或编辑装配体；

③导入 CAD 软件绘制的外壳装配体；

④装配体视角与剖视图。

同时，在知识链接（二维码）中，对多板装配流程进行了介绍。

扫一扫
知识链接

多板装配流程

 项目评价

项目完成情况评价表如综表 5 所示。

综表 5　项目完成情况评价表

项目名称			评价时间		年　月　日	
小组名称		小组成员				
评价内容	评价要求	权重	评价标准	学生自评得分	小组评价得分	教师评价得分	合计
职业与安全意识	1. 操作符合安全操作规程 2. 遵守纪律、爱惜设备、工位整洁 3. 具有团队协作精神	10%	好（10） 较好（8） 一般（6） 差（<6）				
直流电动机控制器多板原理图绘制	1. 能够添加 PCB 项目用于多板项目 2. 能够绘制多板电路图	10%	好（10） 较好（8） 一般（6） 差（<6）				
创建直流电动机控制器板级装配	1. PCB 元件布局合理，模块的选择应符合模块的要求 2. 根据外壳需要进行连接配对	15%	好（15） 较好（12） 一般（9） 差（<9）				
项目功能测试	1. 设计的多板装配体是否能匹配外壳 2. 元件布局是否符合规范	60%	好（60） 较好（48） 一般（36） 差（<36）				
问题与思考	1. 哪些常用快捷键的使用能加快多板装配的速度 2. 本项目中你有哪些收获	5%	好（5） 较好（4） 一般（3） 差（<3）				
教师签名			学生签名			总分	
项目评价 = 学生自评（0.2）+ 小组评价（0.3）+ 教师评价（0.5）							

参考文献

［1］周润景，郝媛媛．Altium Designer 原理图与PCB设计［M］．2版．北京：电子工业出版社，2012．

［2］高海宾，辛文，胡仁喜．Altium Designer 10 从入门到精通［M］．北京：机械工业出版社，2012．

［3］林超文，李奇，杨亭，等．Altium Designer 20（中文版）高速PCB设计实战攻略［M］．北京：电子工业出版社，2020．

［4］白军杰．Altium Designer 20 PCB设计实战［M］．北京：清华大学出版社，2020．

［5］胡仁喜．详解Altium Designer 20电路设计［M］．6版．北京：电子工业出版社，2020．

［6］周润景，刘波．Altium Designer 电路设计20例详解［M］．北京：北京航空航天大学出版社，2017．

［7］段荣霞．Altium Designer 20标准教程［M］．北京：清华大学出版社，2020．

［8］童诗白，华成英．模拟电子技术基础［M］．5版．北京：高等教育出版社，2015．

［9］阎石，王红．数字电子技术基础［M］．6版．北京：高等教育出版社，2016．